声学海洋学技术与应用

主 编 秦志亮 马本俊 刘雪芹
参 编 白 博 张 钊 王 磊

哈尔滨工程大学出版社
Harbin Engineering University Press

内 容 简 介

本书立足当前声学海洋技术研究前沿,聚焦海洋声学与海洋科学的交叉融合领域,强调声学海洋技术相关的基本原理、方法、装备及其应用的系统性介绍。本书明确了声学海洋学的基本科学内涵、主要任务及基本范畴,融合了海洋学、海洋声学、海洋地球物理学、军事海洋学等多个学科内容的精华,系统地阐述了声学海洋学领域声学海洋技术相关的基础知识、基本原理、主要应用、核心理念,以及当前最新研究进展和未来发展前景。

本书适合普通高等学校水声、海洋科学、海洋技术等专业的学生以及对水声学感兴趣的人学习使用。

图书在版编目(CIP)数据

声学海洋学技术与应用/秦志亮,马本俊,刘雪芹主编. —哈尔滨:哈尔滨工程大学出版社,2021.2
ISBN 978-7-5661-2991-8

Ⅰ.①声… Ⅱ.①秦… ②马… ③刘… Ⅲ.①海洋学-声学-研究 Ⅳ.①P733.2

中国版本图书馆 CIP 数据核字(2021)第 034083 号

声学海洋学技术与应用
SHENGXUE HAIYANGXUE JISHU YU YINGYONG

选题策划　张　玲
责任编辑　雷　霞
封面设计　李海波

出版发行	哈尔滨工程大学出版社
社　　址	哈尔滨市南岗区南通大街 145 号
邮政编码	150001
发行电话	0451-82519328
传　　真	0451-82519699
经　　销	新华书店
印　　刷	北京中石油彩色印刷有限责任公司
开　　本	787 mm×1 092 mm　1/16
印　　张	13.75
字　　数	337 千字
版　　次	2021 年 2 月第 1 版
印　　次	2021 年 2 月第 1 次印刷
定　　价	45.50 元

http://www.hrbeupress.com
E-mail:heupress@hrbeu.edu.cn

前　言

　　声、光、电、磁、热等物理探测技术是目前开展海洋科学研究的主要手段。在海水中，光、电、磁、热信号衰减严重，传播距离十分有限，难以满足海洋探测、科学研究及工程应用需求。相比之下，声波在海水中可以实现远距离传播，因而声学技术已成为探索海洋的最为重要的手段。目前关于声学技术，学术界已出版了一些优秀专著，比如《声呐技术》（田坦编著）、《深海探测装备》（张少伟著）、《声学测量原理与方法》（吴胜举、张明铎编著）、《深海声学技术与装备》（周利生著）等，从不同角度对声学技术进行了系统性梳理和总结。

　　近年来，随着海洋强国战略实施的不断推进，我国海洋科技整体水平大幅提升，使得传统的物理海洋学、海洋地球物理学、海洋地质学、海洋生物学和海洋声学发生了深度的学科交叉与融合，催生了一批新概念、新理论、新技术、新装备，传统的知识体系已无法满足当前教育教学和工程实践的基本要求。因此，本书从海洋声学与海洋科学交叉融合这一新的视角，立足当前声学海洋技术前沿，阐述了声学海洋学的基本科学内涵及基本范畴，介绍了海洋的声学特性、海洋水体环境声学测量技术、海底声学探测技术、海洋生物生境声学调查技术、海洋军事行动声学保障技术和海洋工程声学调查技术，融合了物理海洋学、海洋声学、海洋地球物理学、军事海洋学等多个学科的研究精华，涉及声学海洋技术相关的基本原理、工程应用、核心理念、最新研究进展和未来发展趋势。本书适合作为相关高等院校和科研院所的研究生教材，也可作为相关海洋科技工作者的参考工具书。

　　本书是多位作者共同努力的成果，其中第1章由秦志亮执笔，第2章由马本俊执笔，第3章由刘雪芹执笔，第4章由马本俊、刘雪芹、王磊执笔，第5章由秦志亮、刘雪芹、白博执笔，第6章由秦志亮、白博、王磊执笔，第7章由秦志亮、马本俊、白博执笔，第8章由秦志亮、张钊执笔，第9章由秦志亮、刘雪芹执笔。本书涉及的研究工作得到了国家自然科学基金（No. 41876053、No. 42006064）、水声技术重点实验室等项目的资助。此外，郑志鹏、王飞、郑毅、刘梦婷、彭若松、陶善军、原齐泽、孙智文、樊博文等为书稿文献整理、文字校正、图片改绘付出了辛勤的劳动，在此一并表示感谢。

　　尽管我们秉承严谨求实的态度编写本书，由于编者知识水平有限，书中难免存在不足之处，敬请广大读者和行业专家批评指正、不吝赐教。

目 录

第1章 绪论 ··· 1
   1.1 声学海洋学概述 ·· 1
   1.2 声学海洋学与其他相近学科的区别 ··· 4
   1.3 本书的组织结构 ·· 6
   参考文献 ·· 7

第2章 海洋的基本知识 ·· 8
   2.1 海水 ·· 8
   2.2 海底 ··· 20
   2.3 生物 ··· 29
   2.4 军事海洋环境 ·· 33
   参考文献 ··· 38

第3章 海洋的声学特性 ··· 39
   3.1 海洋声传播特性 ··· 39
   3.2 海洋声散射特性 ··· 57
   3.3 海洋混响特性 ·· 63
   参考文献 ··· 70

第4章 海洋水体环境声学测量技术及其应用 ······································ 71
   4.1 潮水位测量 ··· 71
   4.2 海流测量 ·· 82
   4.3 悬浮颗粒测量 ·· 93
   4.4 海洋声层析成像 ··· 105
   参考文献 ··· 110

第5章 海底声学探测技术及其应用 ··· 113
   5.1 海底形貌测量 ·· 113
   5.2 海底浅地层探测 ··· 122
   5.3 深部地层探测 ·· 126
   5.4 地声观测技术 ·· 142

参考文献 ··· 147
第6章　海洋生物生境声学调查技术及其应用 ······························· 151
　6.1　海洋生物声学调查 ·· 151
　6.2　海洋生物声学仿生 ·· 157
　6.3　海洋生境声学观测 ·· 162
　　参考文献 ··· 168
第7章　海洋军事行动声学保障技术及其应用 ······························· 169
　7.1　海洋军事目标探测 ·· 169
　7.2　海洋军事目标隐身 ·· 174
　　参考文献 ··· 181
第8章　海洋工程声学调查技术及其应用 ···································· 183
　8.1　海洋水深测量 ··· 183
　8.2　水下声学定位 ··· 191
　　参考文献 ··· 197
第9章　声学海洋学的发展趋势及未来展望 ·································· 199
　9.1　声学海洋新理论 ··· 199
　9.2　声学海洋新方法 ··· 201
　9.3　声学海洋新应用 ··· 208
　　参考文献 ··· 213

第 1 章 绪　　论

1.1 声学海洋学概述

1.1.1 声学海洋学的科学内涵

1.1.1.1 海洋学与水声学

地球表面约有71%的面积被海水所覆盖,浩瀚的海洋蕴藏着十分丰富的海洋资源,比如渔业资源、海洋药物,以及石油、天然气等矿产资源,可为人类源源不断地提供物质和能量。近年来,随着陆地资源的逐渐枯竭和陆上战略空间的日趋饱和,海洋逐渐成为世界各国竞逐的主要战场。此外,海洋在全球环境演变中扮演着十分重要的角色,尤其在当前全球变暖的背景下,人类逐渐意识到海洋环境的改变对全球气候的巨大影响。因此,有人说21世纪是"海洋世纪"。在自然科学领域,海洋学即海洋科学,是指研究海洋的自然现象、性质及其演化规律,以及开发利用海洋有关的知识体系。海洋科学研究对象包括海水、溶解和悬浮在海水中的物质、海洋中的生物、生态要素、海底沉积和海底岩石圈,以及海面上的大气边界层和河口海岸带等。在"海洋热"的大背景下,海洋科学已成为高等教育、科学研究的热门领域。

海水能传递各种信号,包括声、光、电磁等信号,但海水中含有多种无机盐离子,具有导电性,导致电磁波在海水中衰减得很快,光波的传播距离也十分有限,难以满足人类对水下目标进行探测、通信、导航和定位的需要。相比之下,只有声波在海水中可实现远距离传播,传播距离可达上千千米,甚至可绕地球一周[1]。因此,采用声学技术研发的许多海洋声学装备成为人类观察海洋的"鼻子、眼睛、耳朵和嘴",声波的上述特点决定人类从事海洋活动离不开声学海洋技术[2]。水声学就是专门研究声波在水介质中产生、辐射、传播、接收、量度,以及混响、反射、噪声等物理现象的科学,并用以解决与水下目标探测及信息传输有关的各种问题的一门声学分支学科。

一方面,随着海洋科学研究的深入,传统声学技术无法解决海洋学问题时,科学家急于寻求技术创新与突破,就会驱动海洋科学研究朝着方法层面(水声技术)拓展,即不断向水声学领域渗透;另一方面,海洋科学研究的创新突破依赖于水声技术的创新驱动,"工欲善其事,必先利其器",实际上几乎每一次水声技术的进步都会对海洋科学的发展起到推动作用。近年来,随着海洋科学与水声科技不断相互扩展与渗透,逐渐产生交叉融合,便催生了一门新兴学科,即声学海洋学(Acoustic Oceanology & Acoustical Oceanology)。

1.1.1.2 声学海洋学的定义

声学海洋学是建立在水声科学与海洋科学交叉融合(图1-1)的基础上产生的一门学科,其基本含义为:利用水声学的技术方法研究海洋学问题。

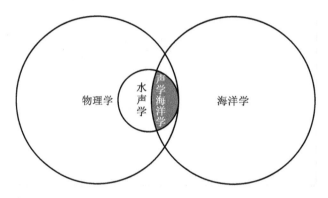

图1-1 声学海洋学的交叉融合关系图

实际上,关于声学海洋学的概念早在1998年,就由美国科学家提出,即"主动或被动地利用声学方法研究海洋的物理参数、海中生物物种及生物活动的海洋学分支学科"[1]。虽然该定义强调对海洋物理参数及生物特性的研究,但仍指出声学方法可成功应用于其他海洋学领域,比如全球变暖、海底成像、沉船打捞、羽状流观测、鲸鱼追踪等。

近年来,在海洋大发展的时代背景下,水声领域也迎来了发展高峰期,同时"声学海洋学"的含义也在不断丰富与完善。本书结合当前海洋科学研究的最新进展以及水声技术在海洋学领域的应用现状,给出了声学海洋学的定义,即利用声学方法研究海洋的物理海洋、生物生态、地形地貌、地质环境等方面的海洋现象、性质及其变化规律,以及海洋工程建设、海洋资源开发、军事海洋环境保障、海洋防灾减灾等实践应用的知识体系。

1.1.2 声学海洋学的发展历史

第二次世界大战(简称"二战")前后的半个世纪内,水下声学在助航、探鱼及海洋环境测深方面得到了广泛的应用。利用水下声学进行海洋探索最早开始于1912年,英国的L. R. Richardson在泰坦尼克号发生灾难后的一个月内申请了两项专利,内容是"利用纵波回波探测水下大型目标体的存在",其基本思想是利用精准的水下声速,以及声音到散射体和返回接收器的传播时间,计算接收器到散射体的距离[3]。1918年应反潜战的需要,人们开始利用回声来测量目标的远近,并发明了回声探测仪,它可在走航中自动连续地测绘出水深剖面图[4]。19世纪20年代后期至30年代初期,水下声学开始用于研究渔业生产、调查和管理等,比如应用于鱼群及浮游生物的探测与追踪[5]。

二战后,水声学与海洋科学的结合更加紧密,如海洋生物噪声、深水散射层、水下声道等声学现象,都在海洋学研究中找到根据,声波能在海洋中传播很远,因此公认声学方法是水下测量和目标监视的有力工具[6]。1962年在英国伯明翰举行的一次国际海洋学代表会议上,提出了"应用声学来研究和开发海洋"的专题,引起了广泛的讨论[7]。20世纪60年代,人们开始利用水声技术在广阔的海洋开展海洋地球物理和海洋地质的勘察工作,从此揭开了茫茫大海中的天然屏障,实现了对海底环境的大面积观测[8]。20世纪70年代末,Munk和Wunsch等人提出利用海洋声学层析来反演大范围海水运动变化规律[9]。同时,超声海底勘探与成像自动识别装置技术也获得重大进展,水下声学在海洋水文物理研究方面的应用更加广泛[10]。20世纪80年代初,声遥感技术、声全息技术的研究也取得了重大进展,已经可以准确地测量海洋中各种物理参数和生物参数,从而为研究海洋中的大、中尺度动力过程,提供了前所未有的可能性[10]。20世纪70年代至90年代期间,水声学在海洋的研究探索中发挥的作用愈来愈大。美国声学学会在20世纪90年代成立了专门的声学海洋学技术专业讨论组[11]。

21世纪是人类开发和利用海洋的新世纪。在第21届国际声学大会上提出了专门的研究方向——"声学在海洋上的应用",并举行了以"海洋中的声音:最近的发现和应用"为主题的学术研讨。声波作为目前探测海洋的最主要方式,可预见在未来将会发挥越来越重要的作用。

1.1.3 声学海洋学的研究范畴

1.1.3.1 声学海洋学的研究对象和特点

声学海洋学的研究对象与海洋科学的研究对象基本一致,即全球所有海洋系统,包括海水、海水溶解和悬浮颗粒、海洋生物,以及海水覆盖之下的岩石圈,并且具有以下两个明显特征:

第一,声学海洋学的研究对象空间广袤,区域差异性明显。海洋约占地球表面积的71%,海水平均水深约为3 800 m,海水覆盖之下的岩石圈厚度可达几百千米,因此声学海洋学研究对象——海洋——空间跨度十分广阔。但不同区域的环境特性差异十分明显,并导致了声波在海洋中传播的非均质性。比如浅水海域水深不足200 m,而大洋最深处超过11 000 m;表层海水温度、密度、声速等参数受太阳辐射影响较大,深层海水几乎不受太阳辐射影响;近岸浅海海洋声学噪声源多而杂,大洋深处海洋声学噪声源相对较少。以上原因导致了声波在海水中传播规律的复杂性。

第二,声学海洋学研究具有多学科性和综合性特点。海洋系统的研究不仅包括物理海洋、海洋生物、海洋化学和海洋地质等传统的基础性知识体系,而且逐渐衍生出越来越多的其他分支,比如渔业海洋学、军事海洋学、工程海洋学、环境海洋学、珊瑚礁生态学等。同时,海洋系统研究具有极强的综合性,尤其是海洋资源、海洋环境、海洋灾害这三大问题的研究和解决属于综合性的海洋研究课题,需要海洋学、海洋声学、海洋技术与其他学科之间的深入交叉、融合和渗透。声学海洋学充分借鉴水声技术的传统优势,结合海洋科学研究的基本规律,将进一步拓宽海洋系统研究的学科领域,促进海洋科学的进一步快速发展。

1.1.3.2　声学海洋学理论体系研究

声学海洋学理论体系研究主要利用声学方法理论和声学探测数据,对海洋环境进行要素观测、反演和描述研究,对海洋的基本现象、主要特性以及演化规律进行揭示。

总的来说,理论体系是要解决"是什么(what)"和"为什么(why)"的问题,并关注在此基础上建立起来的知识体系。比如利用声学方法研究海水运动的形式、特征和运动规律,以及海底沉积物特性、地层结构及其形成机理等,都属于声学海洋学研究的理论体系范畴。

1.1.3.3　声学海洋学方法体系研究

声学海洋学方法体系研究重点围绕海洋科学基础理论研究、海洋能源利用、海洋资源勘查和军事海洋环境保障等领域所涉及的声学技术需求,开展海洋中声波激发、传播、接收相关的技术方法研究及其相关的声呐装备和仪器研制。

与声学海洋学理论体系相比,声学海洋学方法体系更关注的是"怎么办(how)",并由此建立的技术方法体系。比如如何利用声波在海水中传播实现对海水悬浮颗粒浓度的测量,如何利用声信号实现水下目标的定位和追踪,这些都属于方法体系的研究范畴。

实际上,声学海洋学的理论体系与方法体系并不是孤立发展的,两者相辅相成,科学的方法体系可以推动理论体系快速发展,同时基础理论体系的进步也推动着技术方法的不断革新。

1.2　声学海洋学与其他相近学科的区别

1.2.1　海洋声学与声学海洋学

"海洋声学"一词最早由苏联舒列金院士在20世纪30年代提出,他将海洋声学作为海洋物理的一个分支,并重点分析了海水中的声速及其他海洋参数的关系。二战期间,反潜作战需求极大地促进了声学设备的应用,并促进了声波在海洋中传播理论的快速发展,由此衍生出一门独立学科,即水声学[7]。

随着水声学研究的逐渐深入,许多声学物理学家认为要彻底解决一些根本性的水声学理论或水声工程技术问题,需要结合各个具体海区的海洋学环境特点,并应当研究影响声波在海洋中的传播过程的海洋学因子及其变化规律[7]。20世纪90年代,张仁和院士明确指出海洋声学要研究声波与海洋的相互作用,并且包括两部分内容:一部分是海洋环境对海中声场的影响,该部分内容强调对声场规律的研究,属于正演问题;另一部分是利用声波来探测海洋结构,该部分强调对声波规律的应用,属于反演问题[9]。

实际上,这一时期海洋声学的部分含义(利用声波探测海洋结构)与声学海洋学的含义是基本一致的。但随着近年来的快速发展,声学技术在海洋学领域的应用范畴不断扩展,比如海流观测、悬浮颗粒测量、地形地貌探测、海洋声层析、海底底质分类、海洋工程环境勘察、海底资源勘探等，声学海洋学含义也在不断丰富与完善。这就使海洋声学与声学海洋学在含义上有了一定的区别。

海洋声学属于海洋物理的分支学科，重点关注水声学基础理论、方法及其在海洋科学中的应用性研究，更强调声波在海洋中传播的物理规律以及海洋现象对声波传播过程的影响效应。而本书所述的声学海洋学属于海洋科学的分支学科，与海洋声学相比，强调利用声学技术方法，对海洋的基本现象、特征及其变化规律的研究，更侧重于水声技术方法在海洋学问题解答中的创造性应用。

1.2.2　地震海洋学与声学海洋学

地震勘探技术是指利用人工激发所引起的弹性波在地下或海底固体圈层介质中传播，并通过因介质弹性和密度差异而产生的地震波的传播规律，来推断地下或海底固体圈层岩石性质、结构和形态的地球物理勘探方法。传统的地震勘探技术常用于对地下或海底石油、天然气等能源矿产的勘探。地震勘探海洋学是在地震勘探技术的基础上发展而来，利用传统的反射地震勘探方法来研究物理海洋学基本现象、性质及演化规律的一门新兴学科。用地震方法研究物理海洋学现象具有一定的优势，主要表现在它比传统接触式温盐测量具有更高的横向分辨率，并且可在短时间内对整条海水剖面进行快速和连续成像[12-13]。地震海洋学方法利用的是人工地震波（低频声波，通常是由气枪震源或电火花震源激发产生的），通过对海水声波阻抗或速度结构进行反演，进而得到海水温盐结构、海流和其他物理海洋现象。可以看出，地震海洋学是传统地震勘探原理与物理海洋学交叉融合的结果。

本书所论述的声学海洋学的范畴更广，是利用声波对海水、海底以及海洋生物特性进行研究，囊括了地震海洋学方法。传统的不同学科背景下的声学方法具有多种专业称谓，容易使研究生和其他初学者对概念产生混淆和疑惑。为了厘清理论分类和术语逻辑关系，本书重新归纳总结了声学海洋学的含义，将传统的地震勘探、水声技术、地球物理探测等领域的声学方法有机整合，将其纳入一个统一的理论框架内。

1.2.3　海洋地球物理学与声学海洋学

海洋地球物理学以物理学的思维和方法来研究由岩石圈（海底）、水圈（海水）和生物圈组成的海洋系统，以及海底与海水、海洋各圈层之间的关系[14]。海洋地球物理方法更多的是对海底的探测技术，主要包括海底声学探测技术、海洋重磁测量技术、光学（包括激光）探测技术、海底热流测量技术、海底大地电磁测量技术、海底放射性测量技术，以及海底原位（长期）观测-分析技术和海底钻井地球物理观测技术等[14]。海底以上海水圈层的存在，使对海底的观测难以直接开展，目前声波是海水中最有效的传播形式，因此声学方法也是海洋地球物理学方法中最为重要的一种。

海底声学探测技术是利用声学技术研究海底特性的方法，包括传统的地震探测技术、多波束测深技术、侧扫声呐、海底地层剖面测量等。传统的水声技术，比如水下定位导航、水下声学通信、水下目标识别等，与海底声学探测技术在原理上基本相同，概括来说它们都是利用声波在海洋系统中的传播规律,达到水下探测或其他目的,其唯一区别在于利用的声波频段不同(表1-1)。海洋地球物理学从海洋地球物理现象探测需求出发,传统水声学从水下探潜等军事应用需求出发,逐渐衍生出了海洋地球物理与传统水声学交叉的领域,比如两者都关注海底地声参数,涉及的声学频段主要在1 000 Hz左右[15]。综上所述,无论是海洋地球物理学中的海底声学探测技术,还是传统的水声技术方法,都被广泛地应用于海洋科学研究,属于声学海洋学方法体系的研究范畴。

表1-1 不同声学海洋技术应用统计表

	声学技术类型	设备	声学频段	信号源
	水下声学通信	通信声呐	$1 \sim 10^{12}$ kHz	声换能器
	水下目标导航	导航声呐	$1 \sim 150$ kHz	声换能器
	水下目标识别	主、被动探测声呐	主动:$1 \sim 3.5$ kHz; 被动:$0.1 \sim 1.5$ kHz	声反射回波、声辐射噪声
	海流声学测量	多普勒式声学海流计(ADCP)	$37.5 \sim 300$ kHz	声换能器
地球物理探测	海底地形测量	多/单波束、侧扫声呐	几十至几百千赫兹	声换能器
	浅地层测量(<200 m)	浅剖技术	几至几十千赫兹	声换能器
	中、浅层测量(<1 000 m)	单道地震	主频:$100 \sim 200$ Hz	电火花震源
	深部地层探测	多道地震	主频:$20 \sim 120$ Hz	气枪震源
	超深层岩石圈探测	海底地震仪(OBS)	10^{-2}至几赫兹	天然地震

1.3 本书的组织结构

本书共安排9个章节,其中第1章概述声学海洋学的一般知识,重在厘清声学海洋学科学内涵及其与其他基本概念之间的学科关系;第2~3章阐述与声学海洋学相关的基本知识,其中第2章重点介绍海洋的基本知识,第3章重点介绍海洋声学的基本知识;第4~8章围绕物理海洋、海洋地质、海洋生物生态、军事海洋、海洋工程等海洋领域,分别阐述声学海洋技术的基本原理、基本方法及其相关应用;第9章重点阐述声学海洋技术领域的前瞻性技术以及未来的发展趋势。

参 考 文 献

[1] DOSSO S E, DETTMER J,董阳泽.利用声音研究海洋[J].声学技术,2014,33(1):85-94.

[2] 冯士筰,李凤岐,李少菁.海洋科学导论[M].北京:高等教育出版社,1999:374-375.

[3] MEDWIN H. Sounds in the Sea: From Ocean Acoustics to Acoustical Oceanography[M]. Cambridge: Cambridge University Press, 2005.

[4] 道克敏.声学技术在海洋调查中的某些应用[J].海洋科学,1978(4):19-20.

[5] 杜伟东.多波束探鱼声呐关键技术研究[D].哈尔滨:哈尔滨工程大学,2015.

[6] 关定华.声海洋学[J].声学学报,1979(1):76-79.

[7] 尤芳湖,邱永德.海洋声学的研究及其进展[J].海洋与湖沼,1964,6(1):109-119.

[8] 胡群.声学在海洋与水产开发中广泛应用[J].水产科技,2001(6):7-8.

[9] 张仁和.中国海洋声学研究进展[J].物理,1994,23(9):513-518.

[10] 齐孟鹗,滕怀德.海洋调查研究技术[J].海洋科学,1979(s1):41-45.

[11] LYNCH J F. Acoustical oceanography[J]. Eos Transactions American Geophysical Union, 1990, 71(18):689.

[12] 林兆彬,胡毅,蔺爱军,等.地震海洋学回顾与展望[J].地球物理学进展,2017(2):426-435.

[13] 宋海斌,董崇志,陈林,等.用反射地震方法研究物理海洋:地震海洋学简介[J].地球物理学进展,2008,23(4):1156-1164.

[14] 金翔龙.海洋地球物理研究与海底探测声学技术的发展[J].地球物理学进展,2007,22(4):1243-1249.

[15] KIBBLFWHITH A C,秦德林.水声学和海洋地球物理学的相互作用[J].声学技术,1979(1):12-28.

第 2 章　海洋的基本知识

2.1　海　　水

2.1.1　海水组成

2.1.1.1　化学组分

海水是一种非常复杂的多组分水溶液,目前已经测定的海洋中所含元素有 80 多种。根据含量不同,海水中成分可划分为以下五类。

1. 主要成分(常量元素)

在海水中溶解的盐分中,浓度大于 1×10^{-6} g/kg 的成分,称为海水的主要成分[1]。海水主要成分有 11 种,在水中以离子形式存在,其中包括:阳离子 5 种,分别是 Na^+、K^+、Ca^{2+}、Mg^{2+} 和 Sr^{2+};阴离子 5 种,分别是 Cl^-、SO_4^{2-}、Br^-、HCO_3^-(CO_3^{2-})和 F^-;分子形式 1 种,为 HBO_3。海水主要成分总和占海水盐分的 99.9%(图 2-1)。相应地,海水中浓度大于 1×10^{-6} g/kg 的元素,称为常量元素,包括 14 种:O、H、Cl、Ca、Mg、S、K、Br、C、S、Sr、B、Si、F。

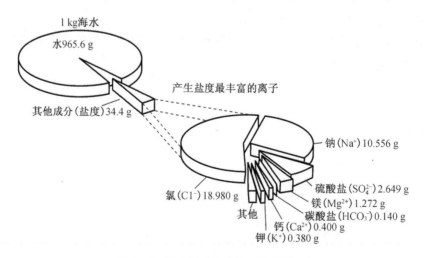

图 2-1　海水化学组成比例示意图

2. 微量元素

在海水中含量低于 1×10^{-6} g/kg 的元素,称为海水的微量元素,但其种类却比常量元素多很多,有 70 余种。

3. 气体成分

气体成分指溶于海水的气体,包括氧气、氮气以及惰性气体等。当气体在大气和海水之间达到平衡时,单位体积的海水中溶解气体的浓度或饱和含量即为该气体的溶解度。不同气体或同种气体在不同条件下的溶解度存在差异,主要由气体自身性质决定,并取决于海面上气体的分压、海水温度和盐度等环境条件。

4. 营养元素

营养元素主要是与海洋植物生长有关的要素,通常指 N、P 和 Si 等。营养元素通常在不同海域中含量不均匀,并经常受到植物活动的影响,若含量很低时,就会成为限制植物正常生长的主要因素。因此营养元素对生物生长非常关键,通常又称为"植物营养盐"或者"生源要素""微量营养盐"等。

5. 有机物质

海水中溶解或长期悬浮的有机物质主要包括氨基酸、腐殖质、叶绿素等。海水中的有机物主要是海洋中活的生物体的分泌、排泄和代谢产物,以及已死亡生物体的组织分解氧化的产物,此外还有少量有机物是随河流入海输入的陆地生物有机组分。

2.1.1.2 组分平衡

海水盐分主要来源于地壳岩石风化产物以及火山喷出物。不同的大洋区域的海水盐分含量基本保持不变,即海水组分保持平衡,包括水平衡和盐度平衡两类。

海洋中的水平衡是海水组分平衡的前提。实际上,海洋与外界不断进行着水量交换,海洋水量一直处于动态的收支平衡状态(图 2-2)。海洋中的水输入和支出都是在地球表面及其内部进行循环的,所以又称为水循环。海洋中水的输入主要靠大气降水(降雨)、陆表径流和融冰,水的支出主要包括海水蒸发、结冰以及海底沉积物赋存等。这里说的海洋水平衡是对整个世界大洋而言,但对局部海域而言,不一定实时都能达到平衡状态,从而导致局部海域水位的上升或下降,并引起不同大洋之间的海水流动,从而达到全球大洋水量与水位的调整。比如太平洋中水的输入(降水和径流)大于水的支出(主要为蒸发),处于水量盈余;大西洋则因蒸发大于降水与地表径流之和,处于水量亏损状态,太平洋对大西洋的水进行补充,从而维持了全球水量的基本平衡。

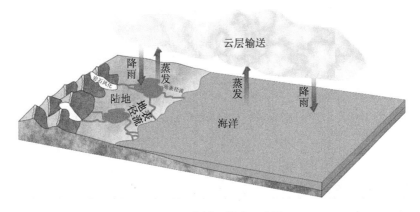

图 2-2 水循环模式示意图

海洋中盐度平衡,是由盐分输入与支出处于动态平衡状态所决定的。以海洋中碳酸盐组分为例说明海洋盐度平衡。海水中的碳酸盐保持平衡主要受控于碳酸盐输入(收入)以及碳酸盐沉淀(支出)。海水中溶解的碳酸盐主要以 HCO_3^-(CO_3^{2-})、Ca^{2+} 和 Mg^{2+} 形式存在,当碳酸盐在海水中的溶解处于饱和状态时,若再有碳酸盐输入,加上海洋生物化学作用,海水中的碳酸盐就凝结形成碳酸盐岩沉积物。海水中溶解的碳酸盐主要来自陆地岩石风化产物,并随地表径流输入海洋,基本反应式如下:

$$CO_2 + H_2O + XCO_3 \Longleftrightarrow X^{2+} + 2HCO_3^-$$

$$CO_2 + XSiO_3 + H_2O \Longleftrightarrow X^{2+} + SiO_2 + 2HCO_3^-$$

X 为金属元素,常见的为 Ca 和 Mg,其中 XCO_3(碳酸盐矿物)和 $XSiO_3$(硅酸盐矿物)是陆地地表岩石的主要成分,在大气中 CO_2 和水的作用下,岩石发生化学侵蚀,形成溶解于水的离子形式,并随地表径流或地下水汇入海洋。海洋中的水分处于动态平衡,水分可蒸发循环到达陆地,但碳酸盐组分离子就被留在海水之中,并最终达到饱和,进而从海水中析出,沉淀到海底,反应式如下:

$$X^{2+} + 2HCO_3^- \Longleftrightarrow XCO_3 \downarrow + CO_2 + H_2O$$

当碳酸盐岩沉积海底后,形成海洋沉积物。海底沉积物又可以随大洋板块被输送至大陆板块之下,在洋壳受热脱水熔融后,形成岩浆,随着火山喷发或岩浆作用再回到地表,反应式如下:

$$XCO_3 + SiO_2 \Longleftrightarrow CO_2 + XSiO_3$$

由地球深部岩浆上涌带到地表的新岩石,再次接受化学侵蚀,进入下一次循环。这种发生在陆地、海洋以及地球深部的物质循环,对海洋盐度平衡具有重要意义,这也是地球作为一个整体系统,有序运行的基本过程之一,海洋作为其中非常重要的一环,发挥了关键作用[2]。碳酸盐循环模式如图 2-3 所示。

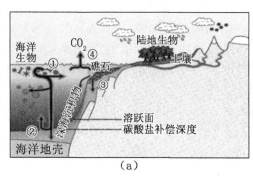
(a)

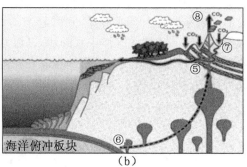
(b)

①—生物无机碳;②—深海碳酸盐岩软泥;③—浅水碳酸盐生物建造;④—海面释放二氧化碳;⑤—碳酸岩;
⑥—深部碳酸盐熔融;⑦—陆地碳酸(盐)岩风化;⑧—火山喷发二氧化碳。

图 2-3 碳酸盐循环模式图[2]

2.1.2 海水分层

在太阳辐射作用下,不同纬度的海洋表面被不均匀加热,加上在不同气候带的大气热力学和动力学作用下,各海区海水的温度、盐度和密度都有显著的差异,但海水在铅直分布上,却呈现出有规律的宏观层次结构,称为海洋层结现象。

低纬度海区,上层海水受太阳辐射加热,温度较高,密度较小,海水温度在铅直方向上表现为随深度增大而下降,海水密度表现为随深度增大而增加,这种分布的海水,处于流体静力学平衡的稳定状态;在高纬度海区,由于太阳辐射较弱,上层海水温度低于下层海水,低温表层海水密度较高,受重力的作用,高密度海水下沉,因此高纬度海区就形成不断混合的表层海水。

实际上,由于风和波浪的搅拌作用,海洋表层海水(水深<300 m)不断发生混合,形成了一个较为均匀的水层,称为风混合层(mixed layer)或上混合层(surface zone),约占海洋总体积的2%(图2-4)。在风混合层之下,存在一个厚为300~1 000 m的过渡层,其中温度、盐度和密度随深度的分布通常表现为一个很大的阶跃,有时呈现出一系列的阶跃,该过渡层称为跃层,或更确切地分别称为温跃层(thermocline)、盐跃层(halocline)和密度跃层(pycnocline),约占海洋总体积的18%(图2-4)。在跃层之下更深的水层中,温度、盐度和密度的铅直分布,几乎处于均匀状态,称为深层或下均匀层(deep zone),约占海洋总体积的80%(图2-4)。

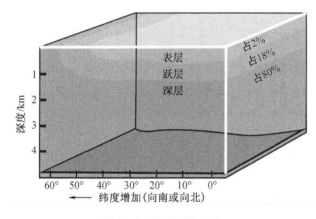

图2-4 海洋层结现象

2.1.2.1 海水盐度分层

海水表层盐度受到降水、地表径流、冰川融化、蒸发等因素影响,在近海与大洋以及高、低纬度之间存在差异,总体表现为低纬度海水盐度要高于高纬度海水盐度。

在铅直方向上,随深度变化海水盐度存在分层,并且在低、高纬度区域表现出不同的变化趋势(图2-5)。在低纬度海域,盐度剖面从表层开始就出现较高的盐度,随着深度的增加,曲线朝着中等盐度的方向移动;在高纬度海域,盐度剖面从表层开始呈现出较低的盐度,随着深度的增加,曲线朝着中等盐度方向移动。低、高纬度海水盐度随深度变化曲线组合形成类似"高脚杯"形状,揭示了盐度在表层波动明显,但在深海几乎保持不变的变化特征[3]。

海水盐度随深度变化曲线显示300~1 000 m深度处盐度变化剧烈,对于低纬度海域盐度变化呈现出降低趋势,对于高纬度海域盐度变化呈现出升高趋势。在这两种情况下,盐度随深度明显变化的水层称为盐跃层。盐跃层将海洋中盐度不同的水层分开。

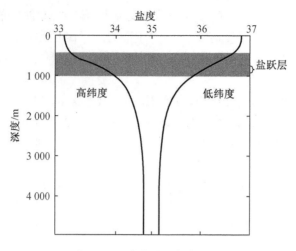

图 2-5 盐度随深度变化曲线

2.1.2.2 海水温度/密度分层

海水的平均密度比淡水高 2%~3%,为 1.022~1.030 g/cm³。淡水密度在温度约为 4 ℃时最高,低于 4 ℃时,淡水密度降低,但海水密度在结冰以前都是随温度降低而升高,因此海水密度是随温度变化的单调函数。海水密度不同决定了其铅直分布特性,海水密度差异会引起水团漂浮与沉降,从而产生深层海洋环流。

海水密度大小主要与海水温度、盐度和压力有关,并有如下关系:
- 温度上升时,海水密度下降(由于海水热膨胀性质);
- 盐度上升时,海水密度增加(由于海水溶解了更多的溶解性物质);
- 压力上升时,海水密度增加(由于海水的压力压缩性质)。

表层海水的密度主要受温度和盐度的影响,只有深层海水的密度才会受压力的影响。通常深层海水的密度比表层海水的密度高 5%。表层海水的温度范围大于盐度范围,温度对表层海水影响最大。实际上,只有在极地地区,海水温度低且保持相对恒定,海水密度主要受盐度影响。

低纬度温-深曲线:在低纬度海域,太阳辐射强度高,光照时间恒定,然而太阳能量并不能进入海洋深处,因此表层海水温度较高。表层海水在表层混合机制(如环流、波浪和潮汐)的作用下,保持温度较为均匀,直至在 300 m 以下深水层,水温迅速下降,1 000 m 水深以下,水温再度保持恒定(图 2-6(a))。

中低纬度密-深曲线:在中低纬度海域,表层海水温度较高,导致海水密度相对较低。由于上层海水混合作用,表层海水之下,密度相对恒定,直至 300 m 水深以下,海水密度迅速增长。在 1 000 m 水深以下的深层海水密度基本保持恒定(图 2-6(b))。

高纬度温-深曲线:在高纬度海域,表层海水几乎不能受太阳辐射加热,深层水温与表层水温几乎相同。因此,高纬度地带的温度曲线是一条垂线(图 2-6(c))。

高纬度密-深曲线:受海水温度控制,高纬度海域的密度曲线也几乎为一条垂线。这都说明高纬度海域表层和深层存在着较为一致的环境条件(图 2-6(d))。

中低纬度海域的温-深和密-深曲线也显示类似于盐跃层的温跃层和密度跃层,跃层出现的深度为300~1 000 m。高纬度海域温度和密度随深度变化几乎为恒定数值,因此高纬度海域通常缺乏跃层(图2-7)。

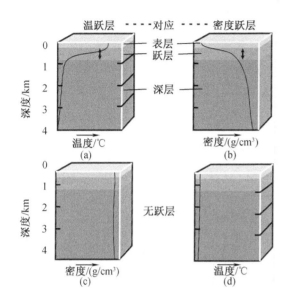

图2-6 海水温-深与密-深曲线图

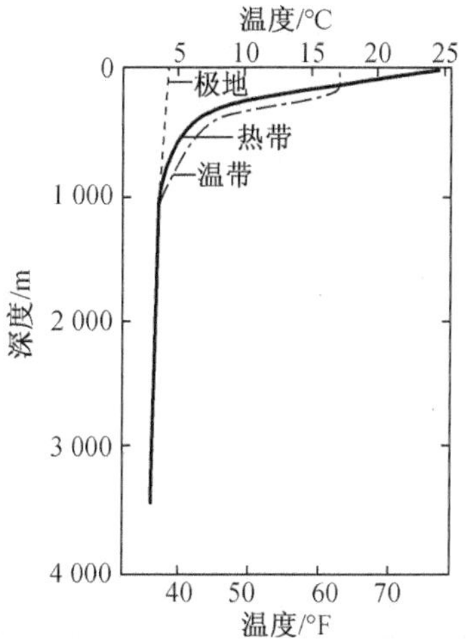

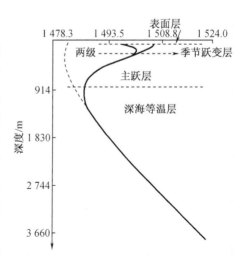

图2-7 高、中、低纬度海域的温-深曲线对比图($1\ °F = \frac{5}{9}\ K$)

密度跃层在某海域形成以后,会阻碍上部低密度水体与下部高密度水体混合。通常密度跃层具有较高的重力稳定性,因而能隔离毗邻水层。低纬度海域通常存在较好的跃层,因此会产生明显的海水分层现象;高纬度地区通常缺乏跃层,因此上下水体之间的交换相对流畅。

2.1.2.3 海水声速分层

声波在海水表层的传播速度约为1 500 m/s,相当于空气中声波传播速度的5倍。海水中声速随温度和压力升高而增大,因此声速在表层暖水中比表层冷水中更高。由于海水温度分层现象,海水从表层往下,声速逐渐变小,直至1 000 m左右达到最低,再往下海水温度几乎恒定,但声速由于海水压力变大而升高,其中声速最小范围水层也称为声速最小层(图2-8)。在大洋盆地中,接近海底的海水声速比表层海水声速更高。尽管海水声速在铅直方向具有差异,但差异不大,为2%~3%。

声波在海水内传播的过程中,由于海水声速分层现象,声传播路径会因折射发生弯曲。当声波沿

图2-8 海水声速-深度曲线图

声速最小层传播时:向上层海水传播时由于声折射,声传播路径会向上凸;向下层海水传播时由于声折射,声传播路径会向下凹。因此,声波被局限于声速最小层进行长距离传播,这一最小声速层也称为声信道(图2-9)。

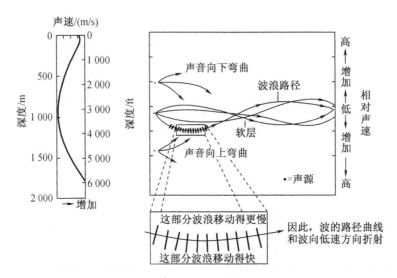

图2-9 声信道声传播路径特征示意图

2.1.3 海水运动

2.1.3.1 海洋环流

海洋中海水做大规模的稳定流动称为洋流或海流,它是海洋中一种在一定时间内流速、流向大致不变的水体。洋流可分为表层洋流(surface ocean currents)和深层洋流(或称海底洋流,subsurface currents)。洋流运动方向既可以是水平的,也可以是垂直的,控制因素是盛行的风向、科里奥利效应(Coriolis effect)、温盐梯度、大陆的轮廓、岛屿屏障和海底地形等。

风海流是由于风吹水动,海水流动,邻近的海水马上补充进来,如此连续不断,形成的稳定海水流动,这是由太阳辐射使地球表面受热不均匀所导致的。风海流与地球大气环流相似,具有分带性。在忽略地表高低起伏、海陆分布差异的情况下,只受太阳辐射和地球自转影响所形成的大气环流圈,称为三圈环流,分别是低纬环流、中纬环流和高纬环流。

(1)低纬环流:赤道地区气温高,气流膨胀上升,高空气压较高,地表气压较低,形成赤道低气压带;受水平气压梯度力的影响,气流向极地方向流动;受地转偏向力的影响,气流运动至南北纬30°时便堆积下沉,使该地区地表气压升高,又因为该地区位于副热带,故形成副热带高压带;在近地表,气流从副热带高压带流向赤道低压带,形成低纬环流。

(2)中纬环流:在极地地区,由于气温低,气流收缩下沉,气压升高,形成极地高压带;在近地表极地的气流向低纬度地区流动,同时副热带高压带气流也向极地流动,两股气流在

60°附近相遇,导致此地区气流被迫抬升,形成副极地低压带;气流抬升后,在高空分流,向副热带高压带流动,形成中纬环流。

（3）高纬环流:副极地低压带气流抬升后在高空分流,另一股向极地流动,形成高纬环流。

三圈环流在气压带之间形成了全球性大气环流。全球性大气环流分布在不同纬度,形成了不同性质的大气水平运动地带,叫作风带。在风带的作用下,产生了分带性的风海流（图2-10）。

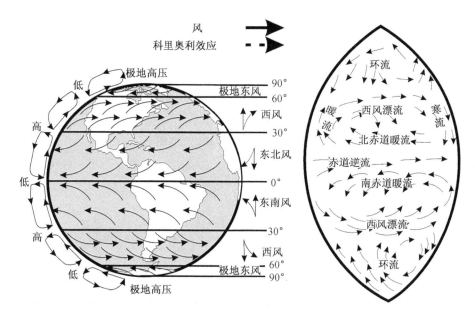

图2-10　风带与风海流分布特征（不考虑海陆起伏）

风对水面的拖曳力及其施加于波浪迎风面的压力能使海水缓慢前进。各处海水的温度差对表层洋流的形成也有重要影响,如赤道地区温度较高的海水流向高纬度地区,称为暖流(warm currents);高纬度地区的寒冷海水流向赤道地区,则称为寒流(cool currents)。二者构成了表层海水的循环。

深层洋流的形成主要受温盐主导下的海水密度控制。高纬度地区表层海水结冰,所含盐分便向下转移,从而提高下面海水的含盐度和密度。这种温度较低、密度较大的水体下沉后在靠近海底处向赤道方向流动;相应地促使低纬度海域的深层海水上升并向高纬度方向流动,遂构成深层大洋环流（图2-11）。

由海水温盐差异引起的密度驱动所产生的环流称为温盐环流。这个环流系统的运作情况是,以风力驱动的海面水流将赤道的暖流带往高纬度大洋,暖流在高纬度处被冷却后下沉到海底,这些高密度的水接着流入洋盆南下前往其他暖洋位加热循环（图2-12）。一次温盐循环耗时大约1 600年,在这个过程中洋流运输的不仅是能量(热能),当中还包括海水溶解物质元素等(比如营养盐)。温盐环流最受人类关注的是其全球恒温功能[3]。

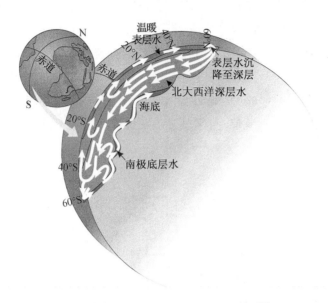

图 2-11 深层大洋环流模式示意图[3]

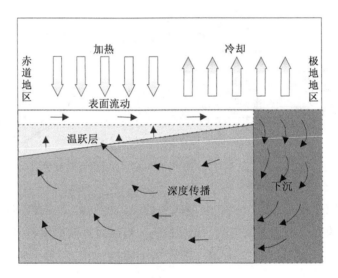

图 2-12 全球温盐环流模式图[3]

2.1.3.2 海洋波动

1. 海洋波动概述

海洋中不同密度界面（水-气界面、密度跃层界面等）在外力（风、地震、火山喷发、引潮力等）的扰动下，海水有规律地波状起伏运动称作海洋波动，比如波浪。由风引起的海浪称为风浪，其波形复杂多变。

波浪在外形上有高低起伏，波形最高处称为波峰，最低处称为波谷，相邻两波峰（或波谷）之间的距离称作波长，波峰到波谷间的垂直距离称为波高。相邻的两个波峰或波谷经过空间同一点所需时间称为波周期,波形在单位时间内前进的距离称为波速。波长、波高、波周期和波速称为波浪的四要素(图2-13(a))。波浪发生时,其波形的传递沿水平方向前进,而海水质点则是以某一点为圆心做周期性的圆周运动(图2-13(b))。波浪在深海中的传播速度达几十千米每小时。

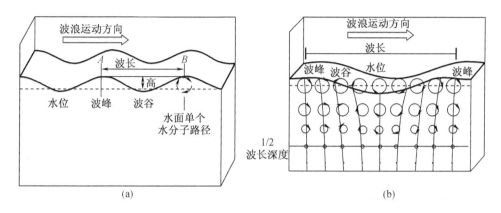

图2-13 海洋波浪四要素及其水质点运动轨迹示意图

在水面,水质点运动圆周的直径等于波高,在水面以下,由于水的内摩擦力,水质点的圆周运动半径随深度的增加而减小。在水深为波长的1/9,2/9处,水质点运动圆周的直径分别为波高的1/2,1/4。即当水深按等差级数增加时,圆周直径按等比级数递减。圆周直径减小时,波动周期仍保持不变,所以水质点的运动速度也按等比级数递减。实际上,大致在水深相当于波长的1/2时,水质点的圆周运动已趋于消失。

2.波浪分类

根据波浪波长(L)与海底水深之间的关系,可将波浪划分为深水波、浅水波和过渡波三种类型(图2-14)。

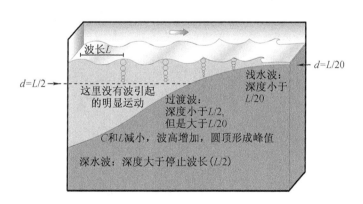

图2-14 不同类型波浪波长与海底水深关系示意图

(1)深水波:在深水区,海浪传播过程中,水质点接近圆周的运动轨迹,深度越深,水质点运动轨迹半径越小,并且在水深超过1/2波长(停止波长)处接近于零。因此,海浪传播过程中,在深水区,波浪不能到达海底,即使海面风浪很大,海底却是平静的。在海洋学中,将海底水深大于 1/2 波长的区域的波浪称为深水波。深水波传播速度与波浪波长和周期有关,与地形无关。大洋中通常发育着波长数十米,波高 2~5 m 的波浪;暴风引起的波浪,波长则可达数百米至近千米,波高可达 30~40 m,这种巨浪传播距离很远,影响深度也很大。

(2)浅水波:当水深较浅,即海底水深不超过波浪波长的 1/20 时,由于海底摩擦阻力的影响,水质点的运动轨迹变成椭圆形。从水面往下,随着深度的增加,椭圆的压扁程度也越高,至海底扁度达到极限,椭圆的垂直轴等于零,水质点平行于海底做直线往复运动。浅水波的波速(C)与海底深度(d)有关,大致存在以下关系:

$$C = 3.13\sqrt{d} \qquad (2-1)$$

(3)过渡波:即当海底水深介于波浪波长的 1/20~1/2 的过渡区域所形成的波浪类型。过渡波介于深水波与浅水波之间,质点振动轨迹为椭圆形,波动的传播速度由波长和海底水深共同决定。

2.1.3.3 海洋潮汐

海洋潮汐是地球上最常见的现象之一,是指海水在月球、太阳的引力,以及地球自转离心力联合作用下形成的引潮力所引发的海水周期性涨落。引潮力导致海水产生两种运动方式:一种是海面周期性的垂直升降运动,称为潮汐;另一种表现为海水周期性的水平运动,称为潮流。

在潮汐现象中,涨潮表现为水位上涨,落潮表现为水位下降。描述潮汐高度随时间变化的曲线为潮汐曲线(图 2-15)。涨潮时海水的流动叫作涨潮流,落潮时海水的流动叫作退潮流;海面涨至最高水位时称为高潮,对应的海面高度为高潮高,而海面降至最低水位时称为低潮,对应的海面高度为低潮高;相邻高低潮水位之差,称为潮差。

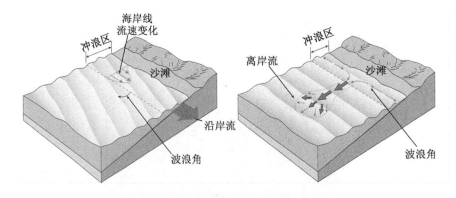

图 2-15 潮汐曲线及其对应的潮汐要素

由于月球距地球比太阳距地球近得多,因此月球对地球的引力比太阳对地球的引力要大得多。在月球环绕地球旋转的过程中,月地引力(gravitational force)与月地旋转系统所产生的离心力(inertial force)的合力构成引潮力(tide-raising force)。在地球的向月面,因引力大于离心力,合力指向月球一边,使地球表面的海水涌向月球一面,发生涨潮;而在地球的背月面,由于月地旋转系统的离心力大于月地引力,合力指向背月一面,也使海面凸起而发生涨潮。与此同时,在与月地连线呈90°的地面上,引潮力指向地心,发生落潮(图2-16)。

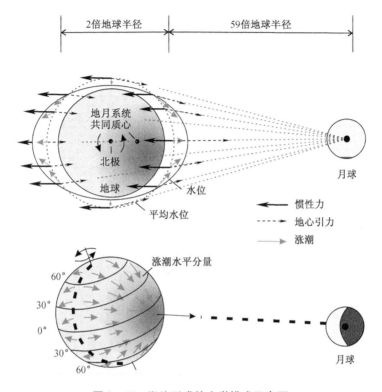

图2-16 潮汐形成的力学模式示意图

月球连续两次过同一子午圈所需时间为24小时50分,称为太阴日。故同一地点每隔12小时25分就有一次涨潮和落潮。地球表面的潮汐现象虽以月球的引潮力为主,但太阳的引潮力(为月球的46.6%)也起一定作用。因此,当出现新月和满月(即农历初一和十五或十六)之后1~2天,月球、地球、太阳三者位于同一直线上,太阳、月球的引潮力相互叠加,形成高潮特高、低潮特低的大潮;当出现上弦月或下弦月(即农历初七、初八及二十二、二十三)之后1~2天,月球、地球的连线与太阳、地球的连线垂直,太阳、月球的引潮力互相抵消,形成小潮。可见潮汐的大小同月亮的圆缺关系密切。

在一个太阴日内发生两次高潮和两次低潮,如果相邻的两次高潮和低潮的水位高度几乎相等,涨、落潮时也几乎相当于正规半日潮;若相邻的高潮或低潮的高度不等,涨、落潮时也不等则为不正规半日潮。如我国沿海从青岛附近往南直到厦门都属于正规半日潮。有的地方在半个月内大多数时间为不正规半日潮,但有时发生不超过7天的全日潮则称为不正规全日潮,也叫作混合潮。

由潮汐引起的海面高度变化迫使海水做水平方向的周期性运动,从而形成潮流。涨潮时,潮水涌向海岸;落潮时,潮水退回外海(图2-17)。

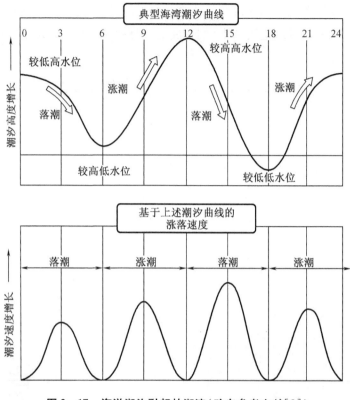

图 2-17 海洋潮汐引起的潮流（改自参考文献[3]）

2.2 海　　底

2.2.1 海底形貌

海底形貌是海水覆盖下的固体地球表面的总称。与陆地形貌类似，海底形貌起伏很大，甚至比陆地地形高度落差还要大。比如在海底发育有高耸的海山、起伏的海丘、绵延的海岭、深邃的海沟和坦荡的深海平原[4]。大洋中部的大洋中脊绵延 80 000 km，宽数百至数千千米，总面积堪与全球陆地相比。大洋最深点 11 033 m，位于太平洋马里亚纳海沟，超过了陆上最高峰珠穆朗玛峰的海拔（8 848.86 m）。

根据海底形貌的基本特征，一般把海底地形分为大陆边缘（包括大陆架、大陆坡、大陆隆、岛弧、海沟）、大洋盆地和大洋中脊三个一级单元，基本特征如表 2-1 所示。

表 2-1 海底形貌类型及其分布面积统计表[3]

海底形貌类型		面积($\times 10^6$)/km^2	占海面积/%	占地球面积/%
大陆边缘	大陆架、大陆坡	55.4	15.3	10.9
	大陆隆	19.2	5.3	3.8
	岛弧、海沟	6.1	1.7	1.2
大洋盆地	深海盆地	151.5	41.8	29.7
	火山	5.7	1.6	1.1
	海底高地、海岭	5.4	1.5	1.1
	大洋中脊	118.6	32.7	23.2

一级和次一级海底形貌单元之上发育更低一级别的局部海底形貌单元,类型多、形貌特征复杂。根据海底形貌成因,可将海底形貌划分为构造形貌、沉积形貌、生物形貌和复合成因形貌四种类型(表2-2)。

表 2-2 海底形貌成因类型及其特征

海底形貌类型	形貌成因	特征	实例
构造形貌	地球内力作用形成	空间规模较大,形成时间尺度长	大陆边缘形貌等
沉积形貌	海洋沉积作用形成	空间规模中等	海底峡谷、海底水道
生物形貌	生物生长或生物沉积形成	空间规模小-中等	珊瑚礁
复合成因形貌	多成因控制形成	空间规模小	海底冷泉、热泉等形貌

2.2.1.1 大陆边缘

大陆边缘是大陆表面和大洋底面之间的一个广阔的过渡带,表现为复杂的斜坡带,是大陆地壳和大洋地壳之间的过渡带,属于过渡型地壳,大地构造学上也称之为洋陆转换带。

大陆边缘在不同地区差别很大,主要有两大类型:一是由水深不断增加的大陆架、大陆坡和大陆隆组成,称为被动大陆边缘(又称大西洋型陆缘);另一种除大陆架、大陆坡外,其组成部分还有海沟-岛弧-弧后盆地(边缘海)体系,称为主动大陆边缘(又称为太平洋型陆缘)。其中太平洋型大陆边缘又可进一步划分为东太平洋亚型和西太平洋亚型(图2-18)。

1. 大陆架

大陆架是周围较平坦的浅海海底,从岸边低潮线开始向外海延伸至海底坡度显著增大的边缘,通常表现为浅海海床,也称为浅海陆棚。大陆架的平均宽度为75 km,最宽不足300 km,平均坡度为0°07′,大陆架外缘水深约为130 m。通常,以水深50 m为界,将大陆架划分为内陆架和外陆架。

2. 大陆坡

大陆坡指大陆架外缘至洋底这一陡峻的斜坡地带,平均坡度为4°,最大坡度可达35°~45°,各地水深不一,平均水深为130~2 000 m。大陆坡围绕大陆架外缘分布,是地球上最长、最陡和起伏最大的斜坡,宽度平均为 20~40 km。大陆坡上通常发育海底峡谷。

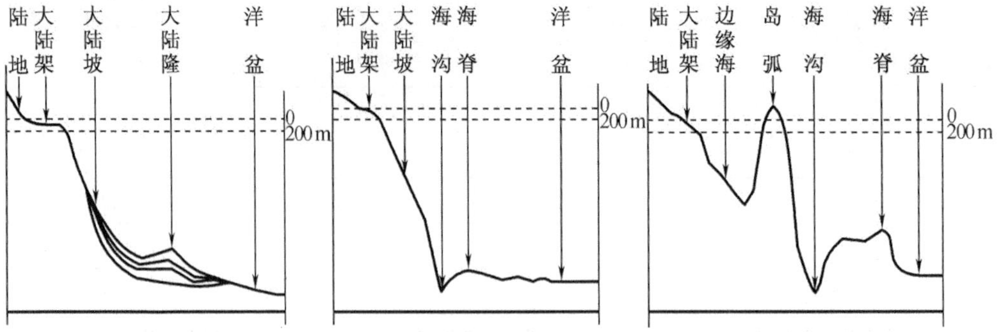

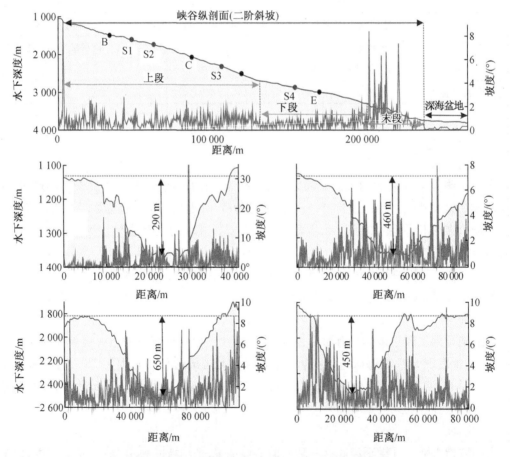

(a)大西洋型陆缘　　　　(b)东太平洋亚型陆缘　　　　(c)西太平洋亚型陆缘

图 2-18　大陆边缘剖面类型

海底峡谷是两岸陡峭甚至直立、高度差很大的凹槽,横切面多呈"V"字形,与陆地上峡谷类似,故称海底峡谷,比如南海北部陆缘大陆坡上发育的珠江大峡谷(图 2-19)。海底峡谷是连接大陆架与大洋盆地的沉积物通道,其主要由海底沉积物浊流侵蚀形成,因此海底峡谷是典型的沉积形貌单元。

图 2-19　南海北部大陆坡珠江大峡谷地形剖面特征

3. 大陆隆

大陆隆是大陆坡坡麓逐渐向大洋底展布的扇形堆积体,又称大陆裾、大陆裙、大陆基,分布水深平均为 2 000～5 000 m。大陆隆主要发育在被动大陆边缘,坡度非常平缓,仅 5′～35′,宽度可达 100～1 000 km,面积非常广阔。

4. 海沟与岛弧

位于大陆边缘靠近大洋一侧,深度大于 6 000 m,延伸数千千米的狭长槽形海底凹地叫作海沟;靠近大陆的一侧,呈弧形分布的火山列岛称为岛弧。二者往往伴生组合出现,形成岛弧－海沟共轭体系。除了岛弧－海沟体系,东部太平洋海沟与美洲西海岸呈弧形展布的山脉,组合形成海沟－山弧体系。

5. 边缘海盆

边缘海盆也称为弧后盆地,是指发育在岛弧靠近大陆一侧的深水盆地,多见于西太平洋边缘,比如南海、东海、日本海等。单个海盆一般呈椭圆形或近似的菱形,平均水深 3 500 m,我国南海中央深水盆地最深处达 5 559 m。

2.2.1.2　大洋盆地

大洋盆地是海洋的主体,占海洋总面积的 45%,其周边有的与大陆隆相邻,有的直接与海沟相接。其中主要部分是水深在 4 000～5 000 m 的开阔水域,称为深海盆地。深海盆地中最平坦的部分称为深海平原,其坡度一般小于 1/1 000,甚至小于 1/10 000,是地表最平坦的地区。大洋盆地并不是完全的"平坦地区",其内部也存在凹凸起伏,凸起部分构成海底高地,凹下的洼地即为海盆。

2.2.1.3　大洋中脊

大洋中脊(图 2－20)简称洋脊,是指横穿世界大洋的线状延伸、遍及全球的海底巨型山脉,总长约 8×10^4 km,平均深度约 2 500 m,相对高程为 1 000～3 000 m,其规模超过陆地上最大的山系,约占洋底总面积的 32.8%。洋脊轴部高程最大,并向两翼倾斜,其特征是两翼对称,坡度平缓,基底几乎全由玄武岩组成,起伏由中等到崎岖不平(100～1 000 m)。洋脊往往被一系列横向断裂(转换断层)错开,错距可达数百千米。

图 2－20　大洋中脊海底形貌图

2.2.2 海洋沉积

陆地风化剥蚀的沉积物碎屑、溶解于降水的化学元素,随河流注入海洋,最终在海洋里发生汇聚沉积。海底沉积物种类较多,包括钙质软泥、深海黏土、冰川海洋沉积物、硅质软泥、陆源碎屑以及陆架沉积物等。通常来说,海洋沉积物主要来自陆地,其次是生物、火山喷发以及少量的宇宙物质。

海洋沉积物按其类型、组成、来源、主要分布区域分类,见表 2-3。

表 2-3 海洋沉积物分类[3]

类型	组成		来源		主要分布区域
陆源沉积	大陆边缘	岩屑、石英砂、石英粉砂、黏土	河流、海岸侵蚀、滑坡		大陆架
			冰川		高纬度地区大陆架
			浊流		大陆坡、大陆隆、洋盆边缘
	远洋	石英粉砂、黏土	风尘、河流		深海平原及其他深海海盆
		火山灰	火山喷发		
生源沉积	碳酸钙	钙质软泥	温暖表层水	颗石藻	低纬度地区、碳酸盐补偿深度(CCD)线以上、洋中脊、火山顶部
		壳体及珊瑚虫碎屑		较大壳体生物	大陆架、海滩
				珊瑚礁	低纬度浅滩
	二氧化硅	硅质软泥	冷表层水	硅藻、放射虫	高纬度地区、CCD 线以下、冷上升流区、深层水上升区,尤其是赤道附近表层流辐散引起的上升流区
水生沉积	锰结核(锰、铁、铜、镍、钴)		化学反应所引起的海水中溶解物质的沉淀		深海平原
	磷灰石				大陆架
	鲕粒灰岩				低纬度浅滩
	硫化物(铁、铜、锌、银)				洋中脊附近热液喷口
	蒸发岩(石膏、岩盐等)				低纬度、蒸发强烈的较浅盆地
宇宙沉积	铁-镍球体、玻陨石(石英玻璃)		宇宙尘埃		以极少的含量在各种海洋环境中与其他各种沉积物混合
	铁-镍陨石		陨石		流星撞击构造附近

2.2.2.1 陆源碎屑沉积

海洋陆源沉积是指主要由来自陆地的物质组成的沉积物在海洋中直接发生沉积的现象。陆源碎屑沉积物主要来源于大陆与岛屿岩石。暴露地表的岩石,在一系列风化作用下会破碎成更小的碎块,甚至细小的沉积物颗粒。地表岩石的风化产物通过河流、风、冰川及重力作用搬运至海洋。

据统计,海洋每年接受陆源物质输入的碎屑物质总量约为 2.0×10^{10} t,其中亚洲河流搬运量约占 40%。比如我国南海作为西太平洋最大的边缘海,接受周缘大陆与岛屿岩石的风化产物,每年经河流输入沉积物的量高达 7.0×10^{8} t[5]。河流每年以溶运方式输入海洋的物质总量约为 2.34×10^{9} t,不断补充海洋中溶解的盐分物质,但陆源碎屑沉积物不包括溶运物质。陆源碎屑物质除了通过河流携带输入海洋,每年还有约 1.6×10^{9} t 以风沙形式被输送至海洋,甚至被运送至大洋中心。

大部分陆源碎屑物质分布在大陆边缘,在高能洋流作用下,以悬浮颗粒形式沿海岸线迁移,或在海底以重力流形式不断向深海盆地输送。在深海盆地,陆源碎屑沉积物受到低能洋流作用,具有较好的分选性。粉尘或火山喷发物质中的微小颗粒,在盛行风的作用下甚至被搬运至大洋的任何区域,并随着风速减弱沉降海底形成薄层沉积或分散至大洋中。

2.2.2.2 海洋生源沉积

生源沉积是源于生物体的硬体部分的沉积物,比如贝壳、珊瑚骨骼、鲸鱼牙齿等。当具有硬体的生物体死亡后,其残骸沉入海底,并随生物遗体的不断沉积而加厚。生源沉积中最常见的是碳酸钙和二氧化硅,前者以方解石形式沉积,后者与水作用形成蛋白石。

生源沉积包括宏观生源沉积和微观生源沉积两大类。前者是指可通过肉眼直接观察的沉积物,不需要借助显微镜,比如珊瑚礁沉积;后者是指肉眼不能直接观测识别的沉积物,需要借助显微镜。相比而言,微观生源沉积更加丰富,尤其在大洋区域形成了大洋生物软泥(微观生源沉积含量高于 70% 的软泥,称为生物软泥)。其中,大洋生物软泥主要包括钙质软泥和硅质软泥两类。

珊瑚礁:珊瑚礁是典型的生物建造,由造礁珊瑚及其他造礁生物建造的抗风浪钙质骨架,经长期积累形成沉积地层。造礁珊瑚喜好水体清澈、温暖且动荡的浅水环境,因此珊瑚礁多形成于水下高地周缘,形成环礁,其内被围限的较深水域称为潟湖。珊瑚礁在波浪的冲击下形成珊瑚碎屑,经海流、潮汐或重力输运,对潟湖和环礁周缘斜坡进行填充,形成了碳酸盐台地(岛礁台地)及其斜坡系统(图 2-21)。

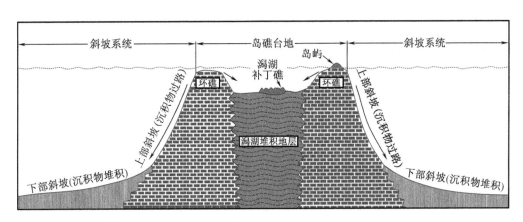

图 2-21 珊瑚礁建造沉积模式图[6]

钙质软泥:钙质软泥指钙质生物碎屑含量大于70%的软泥[7]。当钙质软泥的主要组成为颗石藻时,称为颗石藻软泥。当其主要组成为有孔虫时,称为有孔虫软泥。碳酸钙形成后会发生溶解,并且其溶解程度与海水深度有关。相对温暖的海面及浅海区海水通常为碳酸钙的饱和溶液,因此方解石不会发生溶解。然而,在深海区较冷的海水中通常二氧化碳含量高,海水 pH 值降低,引起钙质溶解;加上水深增加会引起压力增大,从而进一步促进碳酸钙溶解。当水深达到某一深度时,碳酸钙的溶解速率恰好与钙质降落持平,即这一深度海水中不再存在钙质沉积物,该深度被称为碳酸盐补偿深度(CCD)(图 2-22)。全球大洋 CCD 平均深度为 4 500 m,但具体到某海区存在差别,比如大西洋部分海域 CCD 深度为 6 000 m,太平洋仅为 3 500 m。

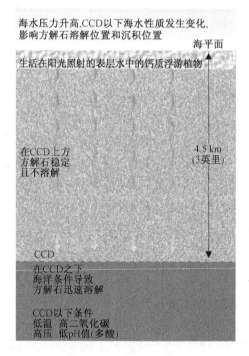

图 2-22 大洋 CCD 图示

硅质软泥:硅质软泥指硅质生物壳体含量大于70%的软泥。当硅质软泥的主要组成为硅藻时,称为硅藻泥,当其主要组成为放射虫时,称为放射虫软泥。大洋中任意深度海水均为硅的不饱和溶液,所以硅质生物碎屑在海洋中始终处于缓慢的溶解状态。但由于硅质碎屑堆积速率高于溶解速率时就会形成硅质软泥沉积,因此硅质软泥通常发育于具有硅质生物高生产力的表层海水之下(图 2-23)。

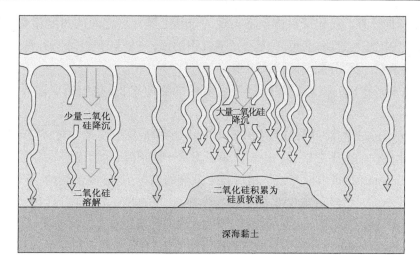

图 2-23 硅质软泥沉积示意图

2.2.3 海底结构

2.2.3.1 海底地层结构

海底沉积物堆积形成地层,其内部岩层的叠覆与堆积形式称为地层结构。地层结构用于描述地层间隔内岩层的纵、横向总体(或优势)堆积方式,据此可对地层成因进行解析,进而可对地层沉积环境进行预测。目前用于地层结构特征描述的术语主要包括上超、下超、顶超、削截、整合与不整合等(图 2-24)。

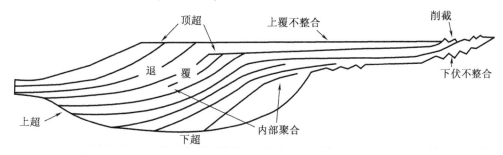

图 2-24 海底地层结构关系示意图

上超(onlap):是一套水平(或微倾斜)地层逆着原始沉积界面向上超覆尖灭,代表水域不断扩大时逐步超覆的沉积现象[8]。上超沉积物沿古沉积斜坡向斜坡的上方超覆尖灭,反映海进或一次构造运动。

下超(downlap):是一套地层沿着原始沉积界面向下超覆,代表定向水流的沉积作用。沉积沿古沉积斜坡向斜坡下方超覆或向自身下倾方向超覆称下超。下超分前积下超和侧下超,可指示古流向、海泛面等。

顶超(toplap):形成于或接近于沉积地层的顶部,记录由于基准面变化或构造沉降产生的沉积环境横向迁移。前积反射体顶部出现的与其上覆地层之间的角度相交或相切接触关系,代表一种沉积物过路面,既不侵蚀又不沉积的面,一般与下超伴生出现,规模多小于削截面,其较平整,但可分期呈阶梯式出现。

削截(truncation):沉积地层遭受侵蚀后形成的侧向终止,是识别层序界面最可靠的依据。

退覆(offlap):是指在地震地层学中的一种前积层构造反射模式。它的特点在于其上超点逐步向深水方向的前下方转移。退覆代表了海水不断下降、盆地逐渐萎缩的过程。

整合(conformity):指当地壳处于相对稳定下降的情况下,形成连续的、不缺失的岩层,其岩层互相平行,时代连续,岩性和古生物有序递变,反映出一定时间内,该地区缓慢持续的地壳下降,也可能有未露出水面的局部上升,古地理环境没有突出的变化。

不整合(unconformity):指上、下地层间的层序发生间断,即先后沉积的地层之间缺失了一部分地层,导致沉积间断。不整合指示了没有沉积的时期,可能代表原有沉积地层被侵蚀或无沉积物输入。地质学中将地层之间这种接触关系称为不整合。

2.2.3.2 海底构造结构

海底构造是指海水覆盖以下的地壳或岩石圈各个组成部分的形态及其相互结合的方式和面貌特征。海底构造的规模,大的上千千米,需要通过地质与地球物理资料的综合分析和遥感资料的解译才能识别,如岩石圈板块构造[9];小的以毫米甚至微米计,需要借助光学显微镜或电子显微镜才能观察到,如矿物晶粒的变形、晶格位错等。本书只对宏观的海底构造进行概述。

地球上最重要的构造为板块构造,即地球最外层部分由薄而刚性、彼此相对水平移动的板块拼凑而成。板块的相对运动导致地球表面形成陆地与海洋的地理格局,以及海山、海岭、海沟和岛弧等海底构造单元。板块边界类型包括离散型、汇聚型和转换型三种,其详细特征、构造过程和地貌表现详见图2-25与表2-4。

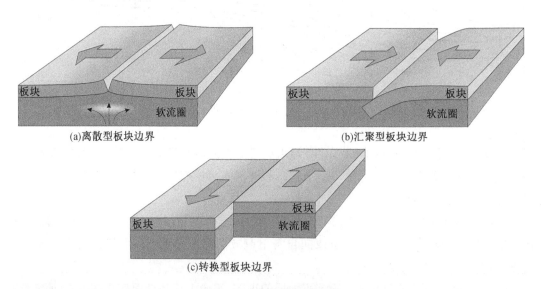

图2-25 板块边界示意图

表 2-4 板块边界特征、构造过程、地貌特征及实例统计表

板块边界	板块运动	地壳类型	海底形成或湮灭	构造过程	海底形貌	地理实例
离散型	分离	洋壳-洋壳	形成新海底	海底扩张	大洋中脊、火山、年轻熔岩流	大西洋中脊、东太平洋海隆
		陆壳-陆壳	一个大陆分裂,新海底形成	大陆分裂	裂谷、火山、年轻熔岩流	东非大裂谷、红海、加利福尼亚湾
汇聚型	汇聚	洋壳-陆壳	老海底湮灭	俯冲	海沟、陆地上的火山弧	秘鲁-智利海沟、安第斯山脉
		洋壳-洋壳	老海底湮灭	俯冲	海沟、火山岛弧	马里亚纳海沟、阿留申群岛
		陆壳-陆壳	无	碰撞	高山	喜马拉雅山脉、阿尔卑斯山脉
转换型	平行错开	洋壳	无	转换断层作用	断层	门多西诺断层、埃尔塔宁断层
		陆壳	无	转换断层作用	断层	圣安德烈亚斯断层、阿派恩断层

离散型板块边界:两个板块背向分离时形成的边界称为离散型板块边界。海底的离散型板块边界主要为海底扩张形成新岩石圈的洋中脊。离散型板块边界处熔融物质上升至表面,冷凝固结为新的洋壳,并逐渐向两侧分离扩张,逐渐形成新海盆。

汇聚型板块边界:当大陆板块与大洋板块汇聚时,由于洋壳密度更大,洋壳会向陆壳之下俯冲,并在地幔中再熔融时,俯冲板块就会逐渐消亡。在此过程中,板块熔融会导致新的岩浆形成,进而引发火山喷发,形成火山岛弧或海岸山系。在俯冲开始的地方,往往为水较深的狭窄洼地,被称为海沟。

转换型板块边界:大洋中脊被许多大型的构造错断,引起大洋中脊在不同节段上可以以不同速率向两侧扩张。转换断层使大洋中脊呈现出锯齿状外形,一些大型转换断层可将大洋板块错断为微小板块。

2.3 生 物

2.3.1 海洋生物

2.3.1.1 海洋生物概述

海洋生物是指海洋里有生命的物种,包括海洋动物、海洋植物、微生物及病毒等,其中

海洋动物包括无脊椎动物和脊椎动物[10]。目前全球范围内已经发现了约180万种陆地生物和海洋生物,科学家估算至少还有几百万种的地球生物未被发现。

目前发现的生物物种中,海洋生物种类只占13%左右。海洋面积远大于陆地面积,但生存的物种数量却远远少于陆地生物(图2-26)。主要原因在于海洋环境要比陆地环境更稳定,海洋环境多样性少于陆地,导致海洋生物多样性进化少于陆地。海洋生物物种绝大部分(至少98%)生活在海底,即底栖生物种类远远多于远洋生物,这是因为海底存在多样化的底栖生活环境(岩石、沙、泥、平原、斜坡等),为生物生存提供了不同的生境。

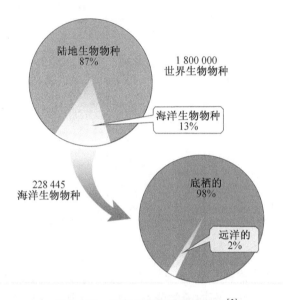

图2-26 世界生物物种数量比例[3]

海洋环境比陆地环境更稳定,所以海洋生物未形成高度特化的调节系统去适应环境的变化。反过来,海洋环境的细微变化就会对海洋生物产生不利的影响。

2.3.1.2 海洋生物分类

根据海洋生物生活区域(环境)和活动规律(移动性),将其划分为浮游生物、游泳生物和底栖生物。

1. 浮游生物

浮游生物泛指生活在水中而缺乏有效移动能力的漂浮生物,又可进一步将其划分为浮游植物和浮游动物[11]。浮游生物以及其他沉积物碎屑悬浮于水中,会对水中声波产生声散射。

2. 游泳生物

游泳生物又称为自游生物,是能自由游泳的生物,包括鱼类、龟鳖类和海洋哺乳动物等。游泳生物作为水中目标,加上生物活动产生的气泡会对水中声波传输造成声散射现象。此外,游泳生物,比如鱼类还会产生声衰减。

3. 底栖生物

底栖生物指栖息于海洋或内陆水域底内或底表的生物,包括底栖植物和动物。底栖动物进一步可细分为五类:

(1)固着型:固着在水底或水中物体上生活,如海绵动物、腔肠动物、管栖多毛类、苔藓动物等。

(2)底埋型:埋在水底泥中生活,如双壳类的蛤和蚌、穴居的蟹等。

(3)钻蚀型:钻入木石、土岸或水生植物茎叶中生活的动物,如软体动物的海笋和甲壳类的蛀木水虱。

(4)底栖型:在水底土壤表面生活,稍能活动,如腹足类软体动物。

(5)自由移动型:可在水底爬行或在水层游泳一段时间,包括水生昆虫、虾、蟹等。

2.3.1.3 海洋哺乳动物

海洋哺乳动物,也称为海兽,属于海洋游泳生物,是哺乳类中适于海栖环境的特殊生物类群。由于声音是水下最为有效的能量传播方式,比光能、电磁能、热能等都更为有效,因此海洋哺乳动物在漫长的进化过程中进化出了高度发达的发声和听觉能力。海洋哺乳动物在水下通过频繁地发出声音,以进行个体或群体间的交流、通信。

海洋哺乳动物包括鲸目、鳍脚目和海牛目等类型,其中,鲸目下属的所有齿鲸亚目动物还进化出了高度发达的回声定位系统(又称"生物声呐")。这些海洋动物通过鼻腔喉唇发出高频超声脉冲声信号,并经由其头部的额隆聚焦向水中发射,当声信号遇水中目标物后发生后向散射,回波信号被其下颌脂肪腔接收并传至中耳,再至内耳产生听觉反应。通过该过程,齿鲸亚目动物探测周围的环境以进行探测、觅食、定位和导航。

利用海洋哺乳动物发出的声音,我们可以使用被动声呐对其进行定位和跟踪。但当声呐用于其他用途时,海洋哺乳动物的声信号就会成为噪声。因此,当前人们对海洋动物声学越来越重视,已经成为一门新兴的交叉学科。

2.3.2 海洋环境系统

2.3.2.1 生物生存条件

生物为了生存,必须适应环境变化。海洋中物理条件为生物生存提供了必要条件,具体如下。

海水黏度:黏度是物质内在的流动阻力。海水的黏度随着盐度的升高和温度的降低而增大;高盐低温环境下,浮游生物就需要较小的张力来维持在表层位置。当生物体变大时,海水黏度就成了生存障碍,为了降低海水黏度阻力,游泳生物进化出了流线型体型。

温度区间:大洋海水表层温度一般不低于 $-2\ ℃$,不高于 $32\ ℃$,温差 $34\ ℃$,近海温差 $42\ ℃$,而陆地温差可达 $146\ ℃$,陆地温差约是海洋的 4 倍。暖水中的漂浮生物体型较小;暖水生物通常具有增大其表面积的羽状附属结构;较高的水温会使生物活动速率增大,热带物种增长快,寿命短;暖水区物种多。

海水盐度:有些生物能从海水中提取一些物质,特别是二氧化碳和碳酸钙,以便构成身体坚硬的部分作为保护层,比如珊瑚、有孔虫等。可溶性物质如营养盐分子,会从高浓度区向低浓度区移动,直到这种物质均匀分布。生物可以主动筛选摄取营养进入体内,并扩散排出废物。

溶解气体:植物可以通过光合作用和呼吸作用与海水中的溶解气体进行交换。鱼类拥有特有的纤维化的腮,可以过滤吸收海水中的氧气,排出二氧化碳(人类在胚胎发育初期也存在类似的纤维化的呼吸器官)。但海水溶解氧过低时,海洋动物就不能利用腮来呼吸,比如赤潮期间,海洋动物会大量死亡。

透明度:水具有较高的透明度,大洋中阳光可照射入 1 000 m 水深,照射深度与水浊度有关。利用透明度高的特点,海洋生物可以伪装躲避天敌,比如水母的透明性、鱼类的混隐色等。光度的昼夜变化使生物出现昼夜垂向迁移的现象:生物白天会沉降到深水层,夜晚浮到表层捕食。

压力:深海中水压可以达到几百个大气压,海洋生物可以承受如此大的水压是因为它们的腮(肺)、内耳道等类似的通道,能使体内水压与外界保持平衡。

2.3.2.2 环境分带

海洋可划分为两大类环境:一种是水体本身构成的海水环境;另一种是水体以下的海底环境。

1. 海水环境

海水环境分为彼此各异的生物区域,即生物带,每个生物带拥有独特的物理特征(图 2-27)。海水环境分为浅水区和大洋区。浅水区为从海岸向外延伸,包括所有水深不超过 200 m 的部分。浅海区再向外海方向是大洋区,这里的水深超过 200 m。

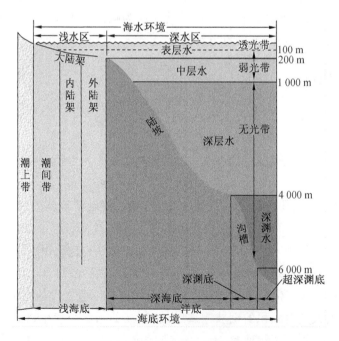

图 2-27 海水环境生物带

根据水深范围,大洋区域可进一步细分为 4 个生物带,具体包括:

(1)光合作用带:海水表层一直延伸至有足够阳光可以维持光合作用的深度,很少超过 200 m;

(2)中层带:200~1 000 m 水深处;

(3)深层带:1 000~4 000 m 水深处;

(4)深渊带:大洋中水深超过 4 000 m 的所有部分。

在大洋区,决定生物分布的一个最重要因素是阳光的可获得程度。因此,除了以上 4 个生物带以外,大洋中生物分布按阳光可获得程度划分为以下 3 个区域:

(1)真光层:从海水表层一直延伸到仍有足够光线来维持光合作用的水深处,很少超过 100 m。虽然真光层只占整个海洋环境的 25%,但大多数海洋生物都分布于真光层。

(2)弱光层:光线微弱,但仍可观测到。从透光带一直向下延伸到没有光线的水深处,通常在 1 000 m 左右。

(3)无光层:没有光线,水深在 1 000 m 以下。

2. 海底环境

从陆地到高潮线以上的海底之间的过渡区域称为岸上带,也称溅浪带。该分带在涨潮期间或海啸和大浪席卷海岸时才会被海水覆盖。其余海底环境划分为海底区和洋底区(图 2-27)。

海底区:从高潮线到水深 200 m 处,基本包括大陆架部分。海底区可进一步划分为海岸带(水深<50 m)、岸下带(水深 50~200 m)等。

洋底区:包括水深 200 m 以下的海底环境,细分为半深海带(水深 200~4 000 m)、深海底带(水深 4 000~6 000 m)和超深渊带(水深>6 000 m)。

2.4 军事海洋环境

2.4.1 军事海洋环境概述

军事海洋环境是指影响舰艇及艇载武器、探测设备的整体技术和战术性能的海洋气象、海洋水文和海洋地质等方面的自然条件[12]。例如作战行动、军事演习、武器试验、抢险救灾等与海洋环境条件有着极其密切的关系。保障军事海洋环境对军事活动非常重要,特别是对未来高新技术条件下信息化局部战争具有重要意义。

海战场环境由海洋环境中能对海上军事行动产生较大影响的因素构成,是军事决策、作战指挥和战场环境建设的依据。海战场环境组成要素随着科学技术和武器装备的发展而发展,具有很强的时代特征[13]。军事海洋环境总体上可划分为自然环境和人文环境。前者指地理环境、水文气象、重磁场特征、水声特性等客观的自然要素,后者则偏重于人类的生产、生活和社会活动状况对战场环境形态和自然环境的改变。

利用海洋自然环境有利条件规避各种风险,可最大限度降低海水对军事行动和武器装备的影响,充分发挥其"倍增器"作用[14]。海战场自然环境复杂多变,是海底形貌、沉积物底质,以及海水温度、盐度、密度、腐蚀度、海流、海浪、潮汐、海面风、海雾、气温、气压、重力、磁力、水声传播、噪声、混响等众多要素的集成(图2-28),具体分类以及特征如下[14]:

(1)海洋地理环境:主要由陆地、岛屿与海洋之间相互位置关系共同形成的地理态势,主要包括海战场周边陆地与岛屿分布,海岸与海滩地形地貌,海区面积、形状与开放程度,海底地形地貌、底质,海峡、通道及港湾分布等。

(2)海洋水文环境:除海水温度、盐度、深度三大静态要素外,还包括海流、海浪、潮汐、海冰等动态要素。海洋水文环境通常被认为是与海军武器装备关系最密切、对其影响最大的海洋要素。

(3)海洋气象环境:是指由海洋大气的要素(如气温、气压、湿度、风速、雾、云、降水)、天气现象(如烟尘、风沙等)和天气系统(如大气环流、锋面、温带气旋、热带气旋、季风、副热带高压、热带辐合带等)等构成的集合要素及其变化规律。其中,海洋和大气之间的相互作用极为复杂,而正因为海洋大气的作用会产生不同类型的大气波导,进一步使得电磁波传播衰减明显减小[15]。

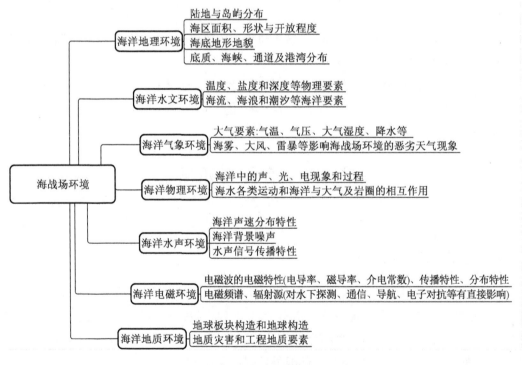

图2-28 海战场环境要素统计图

(4)海洋物理环境:包括海洋重力场、海洋磁力场、地磁场等,涉及场的强度、异常、方向等物理参数,这对导弹发射、运行轨迹等具有较大影响[13]。

(5)海洋水声环境:包括海洋声速分布特性、海洋背景噪声、水声信号传播特性、水声信号海底反射特性和海洋混响等内容。由于声信号是唯一可以有效实现水下远距离传输的手段,因此海洋水声环境对水下信息获取、水下通信、水下目标识别等军事行动都具有重要的影响。

(6)海洋电磁环境:主要指海水的电磁特性(电导率、磁导率、介电常数等)、传播特性、分布特性等,以及对水下探测、通信、导航、电子对抗等有直接影响的电磁频谱、辐射源等海洋电磁场环境。

(7)海洋地质环境:主要包括地球板块构造和地球构造,还包括地质灾害和工程地质要素。例如海底矿山和地质原因,会使区域磁场异常,使电罗经指示的方向发生偏差,影响导航精度。海底底质特性对于潜艇坐底、声呐探测、海洋军事设施建设、资源分布等十分重要[16]。

2.4.2 海洋环境对军事活动的影响

2.4.2.1 军事海洋环境要素

军事海洋环境要素无论在空间尺度上,还是在时间维度上,都具有较大差异,导致海战场环境复杂多变,直接关系到作战平台、武器系统效能的发挥与海上作战的成败。具体影响如表2-5所示。

表2-5 军事海洋环境要素对军事活动的影响

军事活动	环境要素	军事影响
舰船水面航行	风、浪、雾、海流和海冰等	风浪影响舰艇航行、锚泊或破坏舰船设备;海雾使能见度降低;海冰是航行障碍
潜艇水下航行	深度、跃层、环流、内波、中尺度涡、磁场等	深度小容易暴露,跃层危及潜艇安全;环流产生振动和颠簸,影响潜艇水下航行与悬停
雷达探测与无线传输	海水电磁场、电磁源、温度、气压、气温、海杂波、云雨杂波等	海水电磁场、电磁源影响电子对抗、水下通信、雷达探测效能;海杂波、云雨杂波形成假目标;温度、气压、气温引起大气波导,影响雷达探测性能
导航	磁场、重力场	磁场异常使电罗经指示方向偏差,影响导航精度;重力场影响惯性和水下匹配导航
水声探测与传输	温度、深度、盐度、内波、潮汐、海流、海面波浪、气流等	影响声速、声信号传播及通信、探测、水中兵器制导、潜艇战、反潜战
登陆作战	岸滩类型、潮汐、深度、气象等	岩石滩不利登陆,泥沙岸不便防御;潮汐影响水深;水深影响登陆和装备物资卸载;气象条件影响登陆时机和地点
远程武器	重力场	影响命中精度、潜艇最佳发射阵地选择、潜地导弹飞行轨道实时校正、有效打击范围与境外目标确定
鱼雷作战	深度、海流、海风、海浪、海洋环境噪声	影响入水姿态和水下导航追踪

表 2-5(续)

军事活动	环境要素	军事影响
水雷作战	深度、风浪流、海洋生物、海水压力等	深度小易触底,深度大限制使用;风浪流影响布防、姿态及攻击稳定性;海洋生物影响换能器接收;海水压力影响耐压壳体
作战人员	风浪、温度、湿度、日光	消耗体力,降低战斗力,日光引起皮炎、皮肤水肿等病状
作战潜力	人口、经济等人文要素	缺少劳动力,影响作战保障等
飞机	风浪、雷雨、气压、气流、电磁干扰	干扰海上平台起飞与降落、飞行、导航

注:本表格改编自参考文献[14]。

随着全球气候环境恶化,未来海洋环境存在更多的不确定性,对实施军事活动会产生重大影响,甚至造成重大的伤亡事故。通常情况下,海水的深度不会影响潜艇的安全,因为潜艇可以随时控制自己的下潜深度,但是潜艇在水下航行时,如果突遭深海断崖(海中断崖)效应,会立刻失去浮力,急剧掉向海底,大部分常规潜艇的有效潜深为 300~600 m,当潜艇失控时会掉到安全潜深以下,潜艇外部会被巨大的海水压力破坏,造成艇毁人亡。此现象是由于海水跃层改变了原有的结构,处于下层密度小、上层密度大的状态,形成负梯度密度跃层,导致海水浮力由上至下急剧减小。

例如以色列的"达喀尔号"潜艇遭遇深海断崖效应,潜艇在强压下被摧毁,导致潜艇全员遇难;我国的"372"潜艇在某次任务中也碰到了深海断崖效应,在千钧一发之际,在指挥员王红理的指挥下,潜艇成功脱险,创造了世界潜艇史上的奇迹。由此可见,海洋环境对舰艇以及人员的安全起着决定性的作用。

因此在海战状态中,为了充分发挥海军武器装备在特定海洋环境中的作战性能,需要实时评估水下战场态势或战场仿真[12]。例如当潜艇在近水面航行时,海面的气象水文条件会对潜艇的正常巡航产生一定的影响;当潜艇遭遇海洋内波时,会发生严重的振动和颠簸,以至于潜艇难以操控。当遭遇海水密度跃层形成的液体海底和深海断崖效应时,会严重影响潜艇的上升下潜,若处理不当则会发生危险,严重时会导致艇毁人亡。与此同时,潜艇也可以借助温跃层和复杂海底地形隐蔽自己,大大增强生存能力。

在日新月异的21世纪,现代海战逐渐成为涉及太空、空中、海面、水下和海底五层三维空间的立体战争。研究作为战场空间的海洋环境,对海军军事训练、作战对抗、装备的适应性以及作战保障、后勤保障等具有重要的战略意义。从海上作战的角度来看,掌握战场海洋环境情况与掌握敌情态势同等重要,是在军事对抗和军事打击中取得主动权所不可或缺的条件[12]。

2.4.2.2 军事海洋环境保障

制胜打赢是战争亘古不变的主题,随着新时期海洋战争形势的演变,保障打赢战争的手段也随之发生深刻变革。古代军事学家往往将"天时、地利、人和"作为判定能否取得作战胜利的主要标准,其中"地利"属于作战环境的范畴。克劳塞维茨的《战争论》曾指出:"环境同军事行动有着十分密切而永远存在的关系,它不论是对战斗过程本身,还是对战斗的准备和运用都有着决定性影响。"世界军事强国一直将海洋环境保障技术作为海洋作战研究的关键技术之一,并认为先进的海洋环境保障技术是海战中克敌制胜的重要因素。正如上文所说,海战环境下掌控海洋环境参数对作战成功非常关键,因此由多种海洋环境要素构成的军事海洋环境将成为提高海上战斗力,并使武器装备保持优势的关键所在[13]。军事海洋环境保障是海军作战保障的重要内容,目的是保障部队正确运用军事海洋环境,预防和减少军事海洋环境因素对我方造成的不利影响,进而顺利遂行作战任务[12]。根据作战需求和作战目的的不同,军事海洋环境保障被划分为四个层次,分别是战略保障、战役保障、兵种战术保障和武器系统保障,并且每个保障层次对信息保障的时间和空间的分辨率具有不同的要求(表2-6)。

表2-6 不同作战层次的军事海洋环境保障需求[14]

层次	环境效应	环境保障需求	时间尺度	空间尺度/km
战略	整体状况	季节性军事海洋环境状况	几周~几个月	100~300
战役	关键时机与海区	中尺度军事海洋环境状况	1天~2周	10~100
战术	安全效能	小尺度军事海洋环境状况	0~72 h	0.5~1
武器系统	使用效能	与武器系统使用相关要素	0~4 h	0.5~1

军事海洋环境不仅是进行战斗的依托和舞台,同时也是战术运用的客观条件和依据。现代海上战争是高科技条件下的信息战,无论是海上航行、武器发射,还是指挥自动化,都必须有海洋战场环境信息做保障。军事海洋环境是一个动态过程,需要随着作战进程推进构造新的战场环境,因此军事海洋环境信息集成与应用是海战条件下争取战场主动权、有效发挥武器系统作战性能的前提。军事海洋环境信息化保障体系建设是军事海洋环境保障的核心内容,具体如下:

(1)导航信息化:建立星基导航的卫星定位系统;建立陆基导航的无线电导航;建立综合导航信息化系统。

(2)海洋测绘信息化:将海图、潮汐资料、兵要地志、航海通告等要素信息化。

(3)水文气象信息化:包括气象预报、海况预报和气象导航信息化。

(4)军事目标信息化:如基地、港口、码头、机场、营房等资料的信息化。[16]

信息化战争时代,军事海洋环境建设的重要任务之一是建立海洋环境信息数据框架,实现"战场数据化",为作战指挥和军事行为、装备提供环境信息支撑。由于不同空间以及不同类型的环境信息数据来源存在较大差异,因此军事海洋环境信息融合显示是海洋战场环境建设的基础,这为指挥员认识、适应和控制海洋战场奠定了坚实的基础。

参 考 文 献

[1] RIDGWELL A, ZEEBE R E. The role of the global carbonate cycle in the regulation and evolution of the Earth system[J]. Earth & Planetary science Letters, 2005, 234(3/4): 299-315.

[2] 王晔琪. 热泵低温蒸发技术在海水淡化中的应用研究[D]. 上海:东华大学, 2015.

[3] TRUJILLO A P, THURMAN H V. Essentials of Oceanography: Pearson New International Edition[M]. Pearson Schweiz Ag, 2013.

[4] 李鹏. 侧扫声呐图像拼接技术研究[D]. 哈尔滨:哈尔滨工程大学, 2012.

[5] LIU Z F, ZHAO Y L, COLIN C, et al. Source-to-sink transport processes of fluvial sediments in the South China Sea[J]. Earth-Science Reviews, 2016, 153: 238-273.

[6] MA B J, QIN Z L, WU S G, et al. High-resolution acoustic data revealing periplatform sedimentary characteristics in the Xisha Archipelago, South China Sea[J]. Interpretation, 2021. DOI:10.1190/int-2020-0093.1.

[7] 黄牧. 太平洋深海沉积物稀土元素地球化学特征及资源潜力初步研究[D]. 青岛:国家海洋局第一海洋研究所, 2013.

[8] 张志敏. 青南洼陷古近系地震沉积学研究[D]. 北京:中国石油大学, 2009.

[9] 魏波. 基于GIS的地貌面和水系特征提取分析应用研究[D]. 北京:首都师范大学, 2008.

[10] 段鹏琳,唐志波,张立军. 中国海洋生物资源开发及利用研究[J]. 价值工程, 2012, 31(9):3-4.

[11] 于杰. 浮游生物多样性高效检测技术的建立及其在渤海褐潮研究中的应用[D]. 青岛:中国海洋大学, 2014.

[12] 王彦磊,袁博,朱尚卿,等. 海洋环境对潜艇活动的影响[J]. 舰船科学技术, 2010, 32(6):52-55.

[13] 游雄. 战场环境仿真[D]. 郑州:中国人民解放军信息工程大学, 2010.

[14] 申家双,周德玖. 海战场环境特征分析及其建设策略[J]. 海洋测绘, 2016, 36(6):32-37.

[15] 郭新民,栾静,金虎. 大气波导的形成及其对雷达探测的影响[J]. 信息化研究, 2012, 38(4):30-32.

[16] 胡德生,陈勇,陈重阳,等. 试析海战场环境信息化保障体系建设[J]. 海军工程大学学报(综合版), 2010, 7(4):41-44.

第3章 海洋的声学特性

电磁波、光、无线电波、声波在水体中都能传播。对于电磁波,无论波长大小,在海水中的传播距离都较短。光在空气中传播速度快、传播距离远,但其在海水中的能见度很小,在穿透海水深度达 100 m 处,其传播能量仅为原来的 1%。对于波长可达千米级的无线电波,也只能穿透海水表面。与此不同,声波具有较好的海水穿透性和传播性,在海洋目标探测以及信息传播领域,声波发挥着重要的作用。因此,研究海洋的声学特性具有重要的意义。

3.1 海洋声传播特性

水声学中,主要用两种方法描述海水中的声传播模型。第一种为波动方程法,它主要研究声波在海水中传播过程中的振幅、相位的变化;第二种为射线法,它仅适用于高频情况。射线法主要研究声波在海水中传播过程中的声强、时间、距离的变化规律,该方法能高效且直观地描述声传播特征、解决声传播问题。

3.1.1 波动声学基础

3.1.1.1 硬底均匀浅海声场

1. 波动方程

在利用波动声学方法处理声传播问题时,为能更清晰地了解声波传播规律,进一步简化模型,将水深和声速设为常数。

层中声场满足非齐次亥姆霍兹方程(3-3d),选用圆柱坐标系,方程为

$$\frac{1}{r}\frac{\partial}{\partial r}\left(r\frac{\partial p}{\partial r}\right) + \frac{\partial^2 p}{\partial z^2} + k_0^2 p = -4\pi A\delta(r-r_0) \tag{3-1}$$

其中,r_0 为震源位置;k_0 为波束;$\delta(r-r_0)$ 为三维狄拉克函数。

令 $A=1$,则式(3-1)可改写为

$$\frac{\partial^2 p}{\partial r^2} + \frac{1}{r}\frac{\partial p}{\partial r} + \frac{\partial^2 p}{\partial z^2} + k_0^2 p = -\frac{2}{r}\delta(r)\delta(z-z_0) \tag{3-2}$$

应用分离变量法,分离变量可得

$$\sum_n \left[Z_n\left(\frac{\mathrm{d}^2 R_n}{\mathrm{d}r^2} + \frac{1}{r}\frac{\mathrm{d}R_n}{\mathrm{d}r}\right) + R_n\left(\frac{\mathrm{d}^2 Z_n}{\mathrm{d}z^2} + k_0^2 Z_n\right) \right] = -\frac{2}{r}\delta(r)\delta(z-z_0) \tag{3-3a}$$

函数 Z_n 的表达式为

$$\frac{\mathrm{d}^2 Z_n}{\mathrm{d}z^2} + (k_0^2 - \zeta_n^2) Z_n = 0 \tag{3-3b}$$

$$\int_0^H Z_n(z) Z_m(z) \mathrm{d}z = \begin{cases} 1 & m = n \\ 0 & m \neq n \end{cases} \tag{3-3c}$$

其中，ζ_n^2 为常数。

将方程(3-2)两端各乘以函数 $Z_m(z)$，基于式(3-3b)和(3-3c)积分可得

$$\frac{1}{r}\frac{\mathrm{d}}{\mathrm{d}r}\left(r\frac{\mathrm{d}R_n}{\mathrm{d}r}\right) + \varepsilon_n^2 R_n = -\frac{2}{r}\delta(r)Z_n(z - z_0) \tag{3-3d}$$

式（3-3d）为非齐次亥姆霍兹方程。该方程展示了声场随 r 的变化规律。

函数 $Z_n(z)$ 满足齐次亥姆霍兹方程，解为

$$Z_n(z) = A_n \sin(k_{zn} z) + B_n \cos(k_{zn} z) \quad 0 \leq z \leq H \tag{3-4}$$

2. 函数 $Z_n(z)$ 的边界条件

根据齐次亥姆霍兹方程，由式(3-4)可得

$$Z_n(z) = A_n \sin(k_{zn} z) + B_n \cos(k_{zn} z) \quad 0 \leq z \leq H \tag{3-5}$$

其中，k_{zn} 为常数；A_n、B_n 与边界条件和归一化条件有关。

假设海面为自由界面，海底为硬质界面的边界条件，$Z_n(z)$ 应满足如下条件：

自由界面边界条件：

$$Z_n(0) = 0 \tag{3-6}$$

硬质海底边界条件：

$$\left(\frac{\mathrm{d}Z_n}{\mathrm{d}z}\right)_H = 0 \tag{3-7}$$

由此可得

$$\begin{cases} B_n = 0 \\ k_{zn} = \left(n - \frac{1}{2}\right)\frac{\pi}{H} \quad n = 1, 2, \cdots \\ Z_n(z) = A_n \sin(k_{zn} z) \quad 0 \leq z \leq H \end{cases} \tag{3-8}$$

式(3-4)满足正交归一条件

$$\int_0^H Z_n(z) Z_m(z) \mathrm{d}z = \begin{cases} 1 & m = n \\ 0 & m \neq n \end{cases} \tag{3-9}$$

常数 $A_n = \sqrt{\frac{2}{H}}$，解式(3-9)可得

$$Z_n(z) = \sqrt{\frac{2}{H}} \sin(k_{zn} z) \tag{3-10}$$

因 $k_{zn} = \sqrt{k_0^2 - \varepsilon_n^2}$，且 $k_{zn} = \left(n - \frac{1}{2}\right)\frac{\pi}{H}$，可得

$$\varepsilon_n = \sqrt{\frac{w^2}{\varepsilon_0} - \left[\left(n - \frac{1}{2}\right)\frac{\pi}{H}\right]^2} \tag{3-11}$$

其中，ε_n 为波数的水平分量；k_{zn} 为波数的垂直分量。

3. 声场解

$R_n(r)$ 满足非齐次亥姆霍兹方程

$$R_n(r) = -\mathrm{j}\pi Z_n(z_0) H_0^{(2)}(\varepsilon_n r) = -\mathrm{j}\pi \sqrt{\frac{2}{H}} \sin(k_{zn} z_0) H_0^{(2)}(\varepsilon_n r) \tag{3-12}$$

方程(3-2)的完整解为

$$p(r,z) = -\mathrm{j}\frac{2}{H}\pi \sum_n \sin(k_{zn} z) \sin(k_{zn} z_0) H_0^{(2)}(\varepsilon_n r) \tag{3-13}$$

若 $\varepsilon_n r \gg 1$,可得点源声场的远场解

$$p(r,z) \approx -\mathrm{j}\frac{2}{H}\sum_n \sqrt{\frac{2\pi}{\varepsilon_n r}}\sin(k_{zn} z)\sin(k_{zn} z_0)\mathrm{e}^{-\mathrm{j}(\varepsilon_n r - \frac{\pi}{4})} \tag{3-14}$$

4. 简正波

以上两式都满足波动方程和边界条件,该波为简正波。n 阶简正波为

$$p_n(r,z) \approx -\mathrm{j}\frac{2}{H}\sum_n \sqrt{\frac{2\pi}{\varepsilon_n r}}\sin(k_{zn} z)\sin(k_{zn} z_0)\mathrm{e}^{-\mathrm{j}(\varepsilon_n r - \frac{\pi}{4})} \tag{3-15}$$

前四阶简正波振幅随深度的分布如图 3-1 所示。

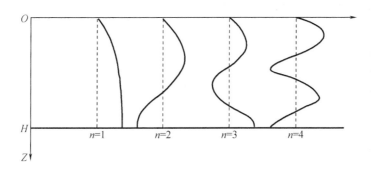

图 3-1 前四阶简正波振幅随深度的分布

5. 波导中的传播损失

波导中点震源声场的简正波为

$$p(r,z) = -\mathrm{j}\frac{2}{H}\sum_n \sqrt{\frac{2\pi}{\varepsilon_n r}}\sin(k_{zn} z)\sin(k_{zn} z_0)\mathrm{e}^{-\mathrm{j}(\varepsilon_n r - \frac{\pi}{4})} \quad r \gg 1 \tag{3-16}$$

声源等效声中心单位距离处声压幅值为 1,声传播损失为 $TL = 10\lg\dfrac{I(1)}{I(r)}$,可得

$$TL = -10\lg \left| \sum_{n=1}^N \sqrt{\frac{2\pi}{\varepsilon_n r}} Z_n(z) Z_n(z_0) \mathrm{e}^{-\mathrm{j}(\varepsilon_n r)} \right|^2 \tag{3-17}$$

假设 Z_n 和 ε_n 皆为实数,可得

$$\begin{aligned}TL = &-10\lg \sum_{n}^{N} \frac{2\pi}{\varepsilon_n r} Z_n(z)^2 Z_n(z_0)^2 \\ &-10\lg \sum_{n}^{N}\sum_{m \neq n}^{N} 4\frac{\pi}{r\sqrt{\varepsilon_n \varepsilon_m}} Z_n(z) Z_n(z_0) Z_m(z) Z_m(z_0) \mathrm{e}^{-\mathrm{j}(\varepsilon_n + \varepsilon_m)r}\end{aligned} \tag{3-18}$$

总声强 $I(r)$ 随距离增大呈递减趋势。$I(r)$ 随 r 变化的干涉曲线如图 3-2 所示。

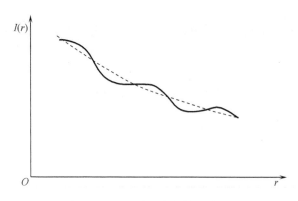

图 3-2 $I(r)$ 随 r 变化的干涉曲线

若传播介质充分不均匀时,简正波之间相位无关,可得

$$TL = -10\lg \sum_{n=1}^{N} \frac{2\pi}{\varepsilon_n r} Z_n(z)^2 Z_n(z_0)^2 \tag{3-19}$$

其中,z_0 为声源坐标;z 为观察点坐标;TL 为两者的函数。

对于硬质海底的均匀浅海声场,可得

$$I(r) = 10\lg \sum_{n=1}^{N} \frac{4}{H^2} \frac{2\pi}{\varepsilon_n r} \sin(k_{zn}z)^2 \sin(k_{zn}z_0)^2 \tag{3-20}$$

式(3-20)满足无规则假设下的声传播损失。当声源和接收器偏离海表面和海底时,可得

$$I(r) = -10\lg\left(\frac{2\pi}{H^2} \sum_{n=1}^{N} \frac{1}{\varepsilon_n}\right) \tag{3-21}$$

若简正波数目较多,即 $N \approx \frac{H\omega}{c_0 \pi}$,$\varepsilon_n$ 可取

$$\varepsilon_n = \frac{\omega}{c_0} \sqrt{1 - \left(\frac{n}{N}\right)^2}$$

令 $x = \frac{n}{N}$,可得

$$\sum_{n=1}^{N} \frac{1}{\varepsilon_n} = \frac{c_0}{\omega} \sum_{n=1}^{N} \frac{1}{\sqrt{1-\left(\frac{n}{N}\right)^2}} = \frac{c_0}{\omega} \int_0^1 \frac{N\mathrm{d}x}{\sqrt{1-x^2}} \tag{3-22}$$

完成积分,可得

$$TL = -10\lg \frac{\pi}{Hr} = 10\lg r + 10\lg \frac{H}{\pi} \tag{3-23}$$

3.1.1.2 液态海底均匀浅海声场

1. 简正波

若将海底视为液态介质,则在海底与海水的界面上不会产生切变波,故可将海底视为

声波速度大于海水声速的均匀液体层。虽然也存在液态海底声速小于海水声速的情况,但并不多见,在本书中不做讨论。

假设 z_0 为点源位置,声场满足非齐次亥姆霍兹方程

$$\frac{\partial^2 p}{\partial r^2} + \frac{1}{r}\frac{\partial p}{\partial r} + \frac{\partial^2 p}{\partial z^2} + k^2 p = -\frac{2}{r}\delta(r)\delta(z-z_0) \quad 0 \leq z \leq \infty \quad (3-24)$$

方程解为

$$p(r,z) = -\mathrm{j}\sum_N \sqrt{\frac{2\pi}{\varepsilon_n r}} A_n^2 \sin(k_{zn}z)\sin(k_{zn}z_0)\exp\left[-\mathrm{j}\left(\varepsilon_n r - \frac{\pi}{4}\right)\right] \quad 0 \leq z \leq H$$

$$(3-25)$$

当深度 $z > H$ 时,声强随深度呈指数速率减小,且声强衰减速率与频率有关:频率越高,衰减越快。

2. 截止频率

同上节,可得液态海底均匀浅海简正波简正频率,并满足方程

$$f_n = \frac{c_2 c_1 (2n-1)}{4H\sqrt{c_2^2 - c_1^2}} \quad n = 1,2,\cdots \quad (3-26)$$

给定波导条件下 n 阶简正波频率为 f_n,当声源频率大于 f_n,可产生第 n 阶及其以下各阶简正波。f_1 为该导波的截止频率,可得

$$f_1 = \frac{c_2 c_1}{4H\sqrt{c_2^2 - c_1^2}} \quad (3-27)$$

对于下半空间为硬质海底的极限情况,$\frac{c_1}{c_2} \to 0$,简正频率表达式简化成 $f_n = \left(n - \frac{1}{2}\right)\frac{c_1}{2H}$。

3. 传播损失

当 $c_2 > c_1$ 时,海底全内反射临界掠射角 φ_0 满足 $\sin\varphi_0 = \frac{1}{c_2}\sqrt{c_2^2 - c_1^2}$,可得传播损失

$$TL = 10\lg r + 10\lg \frac{H}{2\sqrt{1-\left(\frac{c_1}{c_2}\right)^2}} \quad (3-28)$$

对于简正波,在上半空间($0 \leq z \leq H$)时,声压振幅随深度变化呈正弦函数变化趋势;在下半底空间($H \leq z \leq \infty$)中,随深度变化,声压振幅呈指数变化趋势。海底中,振幅随深度变化呈指数衰减,衰减程度与频率有关:从截止频率开始,衰减程度随频率增大而增大。高频时,波能量封闭在层中。第一阶简正波振幅随深度的变化如图 3-3 所示。

3.1.1.3 波动方程和定解条件

1. 非均匀介质中的波动方程

为方便研究,通常将海水介质视为均匀介质。然而,在实际情况下,海水的声波速度及密度都随时间和位置不断变化。因此,考虑声速和密度的时空变化,忽略其他要素,可得运动方程:

$$\frac{\mathrm{d}u}{\mathrm{d}t} + \frac{1}{\rho}\nabla p = 0 \quad (3-29)$$

式中，u 为质点振速；p、ρ 分别为声压和速度。在波动振幅较小时，$\dfrac{\mathrm{d}u}{\mathrm{d}t}$ 可忽略，运动方程可简化为小能量下的形式：

$$\frac{\partial u}{\partial t}+\frac{1}{\rho}\nabla p=0 \qquad (3-30)$$

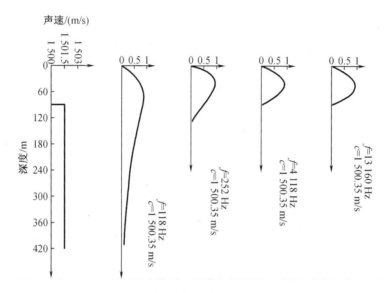

图 3-3 第一阶简正波振幅随深度的变化（截止频率为 93.3 Hz）

根据能量守恒定律，满足连续性方程为

$$\frac{\partial \rho}{\partial t}+\rho\,\nabla\cdot u=0 \qquad (3-31)$$

声振动方程的状态方程为

$$\mathrm{d}P=c^2\,\mathrm{d}\rho$$

$$c^2=\frac{\mathrm{d}P}{\mathrm{d}\rho}=\frac{\partial p}{\partial \rho} \qquad (3-32)$$

也可写为

$$\frac{\partial p}{\partial t}=c^2\,\frac{\partial \rho}{\partial t} \qquad (3-33)$$

当声速 c 和密度 ρ 不随时间改变，联合式（3-31）、式（3-32）、式（3-33）可得

$$\nabla^2 p-\frac{1}{c^2}\frac{\partial^2 p}{\partial t^2}-\frac{1}{\rho}\nabla p\cdot\nabla\rho=0 \qquad (3-34)$$

引进新函数 $\Psi=\dfrac{p}{\sqrt{\rho}}$，可简化为

$$\nabla^2\Psi-\frac{1}{c^2}\frac{\partial^2 \Psi}{\partial t^2}+\left[\frac{\nabla^2\rho}{2\rho}-\frac{3(\nabla\rho)^3}{4\rho^2}\right]\Psi=0 \qquad (3-35)$$

对于简谐波，$\dfrac{\partial^2 p}{\partial t^2}=-w^2$，式（3-35）可写为

$$\nabla^2 \Psi + K^2(x,y,z)\Psi = 0 \qquad (3-36)$$

其中

$$K^2(x,y,z) = k^2 + \frac{\Psi^2}{2\rho} - \frac{3(\nabla\rho)^2}{4\rho^2}$$

在海水中,密度的空间变化很小,ρ 可近似为常数,则 $K(x,y,z) = k = \dfrac{w}{c}(x,y,z)$,于是有

$$\nabla^2 \Psi + k^2(x,y,z)\Psi = 0 \qquad (3-37)$$

$p = \sqrt{\rho}\,\Psi$,声压 p 满足式(3-37),则

$$\nabla^2 p + k^2(x,y,z)p = 0 \qquad (3-38)$$

若介质中存在外力影响,运动方程(3-38)可变为

$$\frac{\mathrm{d}u}{\mathrm{d}t} + \frac{1}{\rho}\nabla p = \frac{F}{\rho} \qquad (3-39)$$

推导可得

$$\nabla^2 \Psi + K^2(x,y,z)\Psi = \frac{\nabla \cdot F}{\sqrt{\rho}} \qquad (3-40)$$

当密度 ρ 为常数时,$\Psi = \dfrac{p}{\sqrt{\rho}}$,上式可变为

$$\nabla^2 p + k^2(x,y,z)p = \nabla \cdot F \qquad (3-41)$$

2. 定解条件

波动方程只能描述声传播过程的规律。若要得到物理答案,需要给出一定条件。该条件叫作定解条件,定解条件主要包括边界条件、辐射条件、点源条件和初始条件。

(1)边界条件

①绝对软边界

绝对软边界的声压为零,若边界为 $z=0$ 的平面,边界条件为

$$p(x,y,0,t) = 0 \qquad (3-42)$$

无论时间 t 取何值,声压 p 都为零。

若界面为自由表面,边界条件可为

$$p(x,y,\eta,t) = 0 \qquad (3-43)$$

式(3-42)、式(3-43)的右端都为零,为第一类边界条件。实际情况下,方程右端不为零,此时边界条件可写为

$$p(x,y,\eta,t) = p_s \qquad (3-44)$$

式(3-44)为第一类非齐次边界条件。

②绝对硬边界

绝对硬边界条件下的边界上质点法向振速为零。若边界为 $z=0$ 的平面,z 轴为边界法向量,则边界条件为

$$\left(\frac{\partial p}{\partial z}\right)_{z=0} = 0 \qquad (3-45)$$

若界面方程为 $z = \eta(x,y)$,硬边界条件为

$$(n \cdot u)_\eta = 0 \tag{3-46}$$

式(3-46)为第二类边界条件。

若已知界面法向振速 u_s,边界条件为

$$(n \cdot u)_\eta = u_s \tag{3-47}$$

式(3-47)为第二类非齐次边界条件。

③混合边界

若已知声压和振速的线性组合,则混合边界为

$$\left(a\frac{\partial p}{\partial n} + bp\right)\bigg|_s = f(s) \tag{3-48}$$

式(3-48)为第三类边界条件,s 为边界,a、b 为常数。当 $f(s)=0$ 时,则为阻抗边界条件

$$Z = -\frac{P}{u_n} \tag{3-49}$$

④边界上发生密度和声速的有限间断

海底和海水为两种不同性质的介质,海底界面处会产生密度和速度的有限间断。界面两侧均有声场,边界应满足压力连续和质点法向振动连续的条件,即为

$$\begin{cases} p_{z=0^-} = p_{z=0^+} \\ \left(\dfrac{1}{\rho}\dfrac{\partial p}{\partial n}\right)_{z=0^-} = \left(\dfrac{1}{\rho}\dfrac{\partial p}{\partial n}\right)_{z=0^+} \end{cases} \tag{3-50}$$

(2)辐射条件

无穷远处的定解条件又称为辐射条件,是指当无穷远处没有声源存在时的定解条件。

①平面波情况

平面波的达朗贝尔解为

$$\Psi_+ = f\left(t - \frac{x}{t}\right) \text{ 和 } \Psi_- = f\left(t + \frac{x}{t}\right) \tag{3-51}$$

其中,Ψ_+ 为正向波;Ψ_- 为反向波。它们分别满足

$$\frac{\partial \Psi_+}{\partial x} + \frac{1}{c}\frac{\partial \Psi_+}{\partial t} = 0 \text{ 和 } \frac{\partial \Psi_-}{\partial x} + \frac{1}{c}\frac{\partial \Psi_-}{\partial t} = 0 \tag{3-52}$$

若无穷远处为正向波,第一式为辐射条件;反之,若无穷远处存在声源,第二式为辐射条件。对于简谐振动,可得

$$\frac{\partial \Psi_+}{\partial x} + jk\Psi_+ = 0 \text{ 和 } \frac{\partial \Psi_-}{\partial x} - jk\Psi_- = 0 \tag{3-53}$$

式(3-53)为简谐平面波的辐射条件。

②圆柱面波和球面波情况

圆柱面波和球面波的辐射条件如下:

圆柱面波

$$\lim_{r\to\infty}\sqrt{r}\left(\frac{\partial \varphi}{\partial r} \mp jk\varphi\right) = 0 \tag{3-54}$$

球面波

$$\lim_{r\to\infty}\left(\frac{\partial \varphi}{\partial r} \mp jk\varphi\right) = 0 \tag{3-55}$$

(3) 点源条件

① 点源满足的波动方程

均匀发散球面波的解 $p = \dfrac{A}{r}\mathrm{e}^{\mathrm{j}(wt-kr)}$，除了点 $r=0$ 之外，满足齐次波动方程 $\dfrac{1}{c^2}\dfrac{\partial^2 p}{\partial t^2} = 0$。当 $r \to 0$ 时，解 $p \to \infty$，即为声源处球面波构成的奇性。如将其改为非齐次形式为

$$\nabla^2 p - \frac{1}{c^2}\frac{\partial^2 p}{\partial t^2} = -4\pi\delta(r)A\mathrm{e}^{\mathrm{j}wt} \quad (3-56\mathrm{a})$$

② 点源条件

采用层状介质，应用柱坐标系，方程为

$$\frac{1}{r}\frac{\partial}{\partial r}\left(r\frac{\partial p}{\partial r}\right) + \frac{\partial^2 p}{\partial z^2} + k^2 p = -4\pi\delta_2(r)\delta(z-z_0) \quad (3-56\mathrm{b})$$

满足以下条件

$$\int_0^\infty\int_0^{2\pi}\delta_2(r)r\mathrm{d}r\mathrm{d}\theta = 1 \text{ 或 } \int_0^\infty \delta_2(r)r\mathrm{d}r = \frac{1}{2\pi}$$

引入 F-B 积分变换，将声压 p 展开为

$$p(r,z) = \int_0^\infty z(z,\varepsilon)\mathrm{J}_0(\varepsilon r)\varepsilon\mathrm{d}\varepsilon$$

其中，ε 是分离变量；$\mathrm{J}_0(\varepsilon r)$ 是零阶柱贝塞尔函数。将上式代入式 (3-56b)，得到 $Z(r,\varepsilon)$ 方程

$$\frac{\mathrm{d}^2 Z}{\mathrm{d}z^2} + (k^2 - \varepsilon^2)Z = -2\delta(z-z_0) \quad (3-56\mathrm{c})$$

在声源 z_0 处，声压连续

$$Z\big|_{z=z_0^+} = Z\big|_{z=z_0^-} \quad (3-56\mathrm{d})$$

振速在平面上下不连续，为得到振速 $\dfrac{\mathrm{d}Z}{\mathrm{d}z}$ 满足条件，将式 (3-56c) 进行积分，可得到

$$\frac{\mathrm{d}Z}{\mathrm{d}z}\bigg|_{z=z_0^+} - \frac{\mathrm{d}Z}{\mathrm{d}z}\bigg|_{z=z_0^-} = -2 \quad (3-56\mathrm{e})$$

(4) 初始条件

对于随着时间发展变化的物理过程，某一时刻的状态将影响该时刻以后的过程，该时刻的状态便是初始条件。从数学上讲，初始条件是给出未知函数 u 及其关于某个自变量的若干阶偏导函数在同一时刻 $t = t_0$ 的值。

初始条件为波动方程在初始时刻 $t = 0$ 的定解条件，为整个系统的初始状态。

当求远离初始时刻的稳态解时可不考虑初始条件：

$$u\big|_{t=0} = \varphi(x), u_t\big|_{t=0} = \psi(x)$$

3.1.2 射线声学基础

射线声学是一种应用于高频声场的较为直观、清晰的声场传播研究方法。它将声场传播路径视为垂直于等相位面的射线，该射线又称为声线。声传播的时间、路径和能量都可

以通过声线表达。

3.1.2.1 射线声学基本假定

通常情况下,射线声学的解不是精确解,而是近似解。因此在使用射线声学方法时需做以下假定：

① 声线垂直于等相位面的方向即为声传播方向;
② 声线所携带的能量为到达声场某点所有能量的叠加;
③ 声线管束能量守恒,与外界无能量交换。

3.1.2.2 波阵面和声线

沿着某个方向传播的平面波

$$\Psi = A\mathrm{e}^{\mathrm{j}(wt-kx)} \tag{3-57}$$

其中,k 为常数,平面波 $\varphi(x)=kx$ 沿 x 方向传播。沿任意方向传播的平面波为

$$\Psi = A\mathrm{e}^{\mathrm{j}(wt-\boldsymbol{k}\cdot\boldsymbol{r})} \tag{3-58}$$

其中,$\boldsymbol{k}$ 为波矢量,表示波传播方向,$\boldsymbol{k}=k_x\boldsymbol{\xi}+k_y\boldsymbol{\zeta}+k_z\boldsymbol{\eta}$($\boldsymbol{\xi}、\boldsymbol{\zeta}、\boldsymbol{\eta}$ 为单位矢量,$k_x、k_y、k_z$ 为坐标轴分量)。波矢量的绝对值为 $|\boldsymbol{k}|=\dfrac{w}{c}=\sqrt{k_x^2+k_y^2+k_z^2}$。$\boldsymbol{r}$ 为位置矢量,$\boldsymbol{r}=x\boldsymbol{\xi}+y\boldsymbol{\zeta}+z\boldsymbol{\eta}$。

波矢量 $\boldsymbol{k}(k_x,k_y,k_z)$ 的方向为 $\dfrac{k_x}{k}=\cos\alpha,\dfrac{k_y}{k}=\cos\beta,\dfrac{k_z}{k}=\cos\gamma,\alpha、\beta、\gamma$ 为波矢量与坐标轴夹角。

在均匀介质中,声线垂直于等相位界面,声线到达处,声波振幅处处相等(图 3-4、图 3-5)。实际中,震源可视为一定大小的点震源；均匀介质中,点震源声波的等相位面为以声源作为中心的同心圆球(图 3-6)。

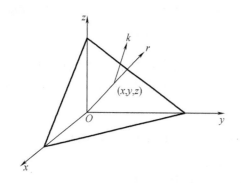

图 3-4 沿任意方向传播的平面波

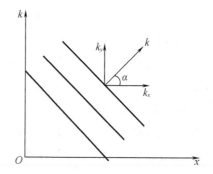

图 3-5 沿任意方向传播的平面波等相位平面

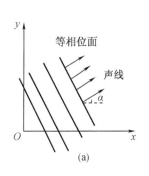 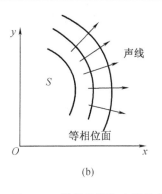 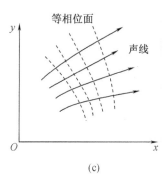

图 3-6 等相位面与声线示意图

3.1.2.3 射线声学基本方程

射线声学的基本方程为

$$\nabla^2 P - \frac{1}{c^2}\frac{\partial^2 p}{\partial t^2} = 0 \tag{3-59}$$

方程的形式解为

$$p(x,y,z,t) = A(x,y,z)\mathrm{e}^{\mathrm{j}[wt - k(x,y,z)\varphi_1(x,y,z)]} \tag{3-60a}$$

引进函数 $\varphi(x,y,z)$，则式(3-60a)变为

$$p(x,y,z,t) = A(x,y,z)\mathrm{e}^{\mathrm{j}[wt - k_0\varphi(x,y,z)]} \tag{3-60b}$$

把形式解(3-60b)代入波动方程可得

$$\frac{\nabla^2 A}{A} - \left(\frac{w}{c_0}\right)^2 \nabla\varphi \cdot \nabla\varphi + \left(\frac{w}{c}\right)^2 - \mathrm{j}\frac{w}{c_0}\left(\frac{2\nabla A}{A}\cdot\nabla\varphi + \nabla^2\varphi\right) = 0 \tag{3-61}$$

实部和虚部等于零，有

$$\frac{\nabla^2 A}{A} - \left(\frac{w}{c_0}\right)^2 \nabla\varphi \cdot \nabla\varphi + k^2 = 0 \tag{3-62}$$

当 $\frac{\nabla^2 A}{A} \ll k^2$ 时，式(3-61)、式(3-62)为

$$(\nabla\varphi)^2 = \left(\frac{c_0}{c}\right)^2 = n^2(x,y,z) \tag{3-63}$$

$$\nabla \cdot (A^2 \nabla\varphi) = 0 \tag{3-64}$$

在射线声学中，式(3-63)、式(3-64)分别为程函方程和声线强度方程。

1. 程函方程

梯度 $\nabla\varphi(x,y,z)$ 为声线传播方向，但传播轨迹和传播时间无法表示，方程 $(\nabla\varphi)^2 = n^2$ 可导出传播时间与轨迹，称为程函方程。

程函方程形式较多，由式(3-64)可得

$$n = \sqrt{(\nabla\varphi)^2} = \sqrt{\left(\frac{\partial\varphi}{\partial x}\right)^2 + \left(\frac{\partial\varphi}{\partial y}\right)^2 + \left(\frac{\partial\varphi}{\partial z}\right)^2} \tag{3-65}$$

声线的方向余弦为

$$\begin{cases}\cos \alpha = \dfrac{\dfrac{\partial \varphi}{\partial x}}{\sqrt{\left(\dfrac{\partial \varphi}{\partial x}\right)^2 + \left(\dfrac{\partial \varphi}{\partial y}\right)^2 + \left(\dfrac{\partial \varphi}{\partial z}\right)^2}} \\ \cos \beta = \dfrac{\dfrac{\partial \varphi}{\partial x}}{\sqrt{\left(\dfrac{\partial \varphi}{\partial x}\right)^2 + \left(\dfrac{\partial \varphi}{\partial y}\right)^2 + \left(\dfrac{\partial \varphi}{\partial z}\right)^2}} \\ \cos \gamma = \dfrac{\dfrac{\partial \varphi}{\partial x}}{\sqrt{\left(\dfrac{\partial \varphi}{\partial x}\right)^2 + \left(\dfrac{\partial \varphi}{\partial y}\right)^2 + \left(\dfrac{\partial \varphi}{\partial z}\right)^2}} \end{cases} \quad (3-66)$$

由式(3-65)可得

$$\frac{\partial \varphi}{\partial x} = n\cos \alpha, \quad \frac{\partial \varphi}{\partial y} = n\cos \beta, \quad \frac{\partial \varphi}{\partial z} = n\cos \gamma$$

$ds = \sqrt{dx^2 + dy^2 + dz^2}$ 为声线微元。若将上式对 s 求导,可得

$$\frac{d}{ds}\left(\frac{\partial \varphi}{\partial x}\right) = \frac{\partial}{\partial x}\left(\frac{\partial \varphi}{\partial x}\frac{\partial x}{\partial s} + \frac{\partial \varphi}{\partial y}\frac{\partial y}{\partial s} + \frac{\partial \varphi}{\partial z}\frac{\partial z}{\partial s}\right) = \frac{\partial}{\partial x}(n\cos^2\alpha + n\cos^2\beta + n\cos^2\gamma) = \frac{\partial n}{\partial x} \quad (3-67)$$

经推导,可得

$$\frac{d}{ds}(n\cos \alpha) = \frac{\partial n}{\partial x}$$

$$\frac{d}{ds}(n\cos \beta) = \frac{\partial n}{\partial y}$$

$$\frac{d}{ds}(n\cos \gamma) = \frac{\partial n}{\partial z} \quad (3-68)$$

改成矢量形式为

$$\frac{d}{ds}(\nabla \varphi) = \nabla n \quad (3-69)$$

2. 声线强度方程

(1)声线强度方程意义

I 表示声强度,即垂直于声传播方向的单位面积平均声能。简谐波声强为周期内平均声强,声强可表示为 $I = \dfrac{1}{T}\int_0^T pu dt$。声响方向余弦示意图如图3-7所示。若利用声压的复数表示形式,可得声强

$$I = \frac{j}{\omega \rho}\frac{1}{T}\int_0^T p^* \nabla p dt \quad (3-70)$$

其中,p^* 为 p 的复共轭。I_x 为方向分量,正比于 $p^*\dfrac{\partial p}{\partial x}$。声压为 $p = A e^{-jk_0\varphi}$,可得

$$p\frac{\partial p}{\partial x} = A^2\left(\frac{1}{A}\frac{\partial a}{\partial x} - jk_0\frac{\partial \varphi}{\partial x}\right) \quad (3-71)$$

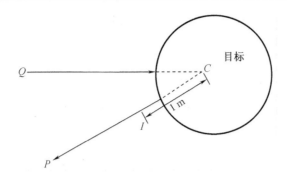

图 3-7 声响方向余弦示意图

当声压幅值随距离变化较小,且为高频背景时,上式中第一项、第二项可忽略,于是可得

$$I \propto A^2 \nabla \varphi \quad (3-72)$$

由强度方程式可得

$$\nabla * (A^2 \nabla \varphi) = 0 \quad (3-73)$$

声强度 $I = A^2 \nabla \varphi$,由上式可得,声矢量 I 散度为零,即

$$\nabla * I = 0 \quad (3-74)$$

由上式可得,声强度矢量为管量场。

奥-定理为

$$\iiint_V \nabla \cdot I \mathrm{d}V = \oiint_S I \cdot \mathrm{d}S$$

将 $\nabla * I$ 进行体积分

$$\oiint_{S_1} I \cdot \mathrm{d}S + \oiint_{S_2} I \cdot \mathrm{d}S = 0 \quad (3-75)$$

S_1 的法线与 I 方向相反,S_2 的法线与 I 方向相同,当端面 S_1、S_2 为均匀条件(图 3-8),可得 $-I_{S1}S_1 + I_{S2}S_2 = 0$,即 $I_{S1}S_1 = I_{S2}S_2 = \cdots =$ 常数。

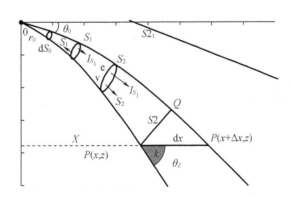

图 3-8 声能沿射线管束的传播图

(2)声强基本公式

若立体角微元为 $\mathrm{d}\Omega$,截面积微元为 $\mathrm{d}S$,则声强为

$$I(x,z) = \frac{W\mathrm{d}\Omega}{\mathrm{d}S} \tag{3-76}$$

其中，$\mathrm{d}\Omega = \dfrac{\mathrm{d}S_0}{r_0^2} = 2\pi\cos\alpha_0\mathrm{d}\alpha_0$

α_z 为声线掠射角，$\mathrm{d}x$ 表示掠射角增加 $\mathrm{d}\alpha_0$ 的距离增加量（图 3-9）。假设掠射角的轨迹方程为 $x = x(\alpha_0, z)$，则水平距离 x 增量为

$$\mathrm{d}x = \left(\frac{\partial x}{\partial \alpha_0}\right)\mathrm{d}\alpha_0 \tag{3-77}$$

可得

$$\mathrm{d}S = 2\pi x \sin\alpha_z \left(\frac{\partial x}{\partial \alpha_0}\right)\mathrm{d}\alpha_0 \tag{3-78}$$

进一步推导可得

$$I(x,z) = \frac{W\cos\alpha_0}{x\left(\dfrac{\partial x}{\partial \alpha_0}\right)_{\alpha_0}\sin\alpha_0} \tag{3-79}$$

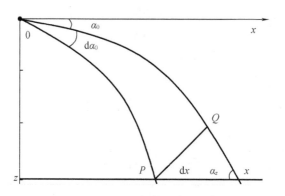

图 3-9　声能沿射线管束的传播图

当声速梯度 $g < 0$，$\dfrac{\partial x}{\partial \alpha_0} < 0$，声强 $I(x,z) < 0$，不合理，故将上式改为

$$I(x,z) = \frac{W\cos\alpha_0}{x\left|\dfrac{\partial x}{\partial \alpha_0}\right|_{\alpha_0}\sin\alpha_z} \tag{3-80}$$

上式为单条声线声强公式，在水声学中有多重应用。

实际中，用 r 表示水平距离，可得

$$I(r,z) = \frac{W\cos\alpha_0}{r\left|\dfrac{\partial x}{\partial \alpha_0}\right|_{\alpha_0}\sin\alpha_z} \tag{3-81}$$

忽略常数因子，声压幅值为

$$A(r,z) = |I|^{\frac{1}{2}} = \sqrt{\frac{W\cos\alpha_0}{r\left|\dfrac{\partial r}{\partial \alpha_0}\right|_{\alpha_0}\sin\alpha_z}} \tag{3-82}$$

由强度方程可得射线声场振幅因子 $A(r,z)$，结合射线声场的程函方程，可得平面射线声场为

$$p(r,z) = A(r,z)\mathrm{e}^{-\mathrm{j}k_0\varphi(r,z)} \qquad (3-83)$$

3.1.2.4 射线声学适用条件

程函方程的导出条件为

$$\frac{1}{k^2}\frac{\nabla^2 A}{A} \ll 1 \qquad (3-84)$$

该条件的具体含义如下：
① 距离与波长相近时，声强相对变化量远小于 1；
② 适用于高频情况；
③ 射线声学在焦散区和阴影区不适用。

3.1.3 声呐方程

声呐方程是将声传播介质、探测目标和设备的诸多参数联系在一起的关系方程。其功能之一是对声呐设备的设计参数进行性能测试，其二是可用于声呐设备的设计。本章主要介绍声呐方程各项参数的含义，进一步理解声呐方程原理。

3.1.3.1 主动声呐方程

可根据主动声呐的工作过程，理解主动声呐方程。假设一个收发合置的主动声呐，SL 为声源级，DI 为接收阵的指向性参数，TL 为传播损失，TS 为目标强度。DT 为时空处理检测阈值，背景干扰（即环境噪声）的声级为 NL。根据声传播损失原理，当声源级为 SL 的声信号到达目标时，声级降为 $SL-TL$。目标强度为 TS，在反向距目标声中心单位距离处的声级为 $SL-TL+TS$，此回声到达接收阵时的声级是 $SL-2TL+TS$，称为回声信号级。另一方面，背景噪声也可以被接收换能器接收到，但它会被接收阵接收指向性所抑制，起干扰作用的噪声级是 $NL-DI$。因为换能器的声轴总是指向目标，所以回声信号级不会被接收指向性压低。声呐回声探测原理如图 3-10 所示。

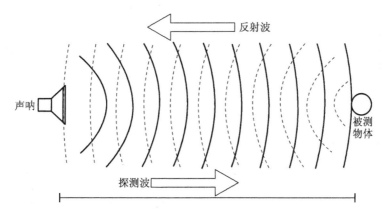

图 3-10 声呐回声探测原理

回声信号和噪声经换能器转换为电信号送至处理器,该电信号的信噪比(SNR)为

$$SNR = (SL - 2TL + TS) - (NL - DI) \quad (3-85)$$

以噪声为主要背景干扰的主动声呐方程为

$$SL - 2TL + TS - (NL - DI) = DT \quad (3-86)$$

对于收发分离的声呐,声信号的往返传播损失不同,不能用 $2TL$ 表示往返传播损失。

此外,以介质中的散射体的散射或混响为主要背景干扰的主动声呐方程为

$$SL - 2TL + TS - RL = DT \quad (3-87)$$

其中,RL 为水听器接收的混响级。

主动声呐原理如图 3-11 所示。

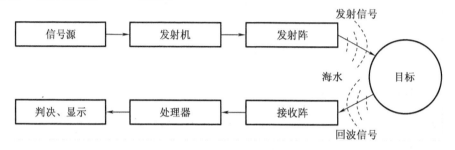

图 3-11 主动声呐原理

1. 声源级(SL)

1 μPa 为有效值声压参考强度。P_a 为换能器上的电功率,η 为电声转换效率,DI_T 为发射指向性指数,以上参数的关系为

$$SL = 170.8 + 10\lg(\eta P_a) + DI_T \quad (3-88)$$

P_a 的单位为瓦(W)。

2. 传播损失(TL)

传播损失包括两个方面,一方面为几何扩散损失,另一方面为介质吸收损失,即

$$TL = 10K\lg r + \alpha r \quad (\alpha \text{ 的单位:dB/km};r \text{ 的单位:km}) \quad (3-89)$$

式中,K 为几何扩展参数,当 $K=2$ 时呈球面扩展,当 $K=1$ 时呈柱面扩展。深海多为球面扩展,浅海多为柱面扩展。α 为吸收系数,与频率有关,其表达式为[1]

$$\alpha = \frac{0.1f^2}{1+f^2} + \frac{40f^2}{4100+f^2} + 2.75 \times 10^{-4} f^2 + 0.003 \quad (3-90)$$

式中,f 为声波频率,单位为 kHz。为提高运算速度,可得几千赫兹到几十千赫兹的海水吸收系数经验公式[2]。

$$\alpha = 0.036 f^{\frac{3}{2}} \quad (\text{dB/km}) \quad (3-91)$$

3. 噪声级(NL)

噪声包括声呐自噪声和海洋环境噪声。自噪声包括螺旋桨噪声、水动力噪声和机械振动噪声等。环境噪声包括风浪噪声、海洋生物噪声和船舶噪声等。实际生产中假设这些噪声为时间平稳空间各向同性,且具有"白噪"特性。若声呐接收带宽为 W(Hz),则噪声级为

$$NL = NL_0 + NL_S + 10\lg W \quad (3-92)$$

式中,NL_0、NL_S 分别为海洋噪声和自噪声谱级。

4. 目标强度(TS)

目标强度是在声源方向上距目标单位距离处,回声和入射声强的级差。它表示目标对入射信号的反向散射能力,其决定因素为目标类型、结构、姿态、信号频率和脉冲宽度。

5. 混响级(RL)

混响是海洋中随机分布的散射体所产生的散射波在接收机接收端的叠加响应。混响级为

$$RL = SL - 2TL + TS \tag{3-93}$$

式中 TS 表示散射体散射能量之和。界面混响的散射强度与散射面积相关,体积混响的散射强度主要由混响体积决定。通常降低混响的方法为增大发射、接收指向性,以及减小脉冲宽度。

(1)海水体积混响级:$-100 \sim 70$ dB;

(2)海面混响:$-50 \sim 30$ dB(与海况有关);

(3)海底混响:$-40 \sim 10$ dB(掠射角小于 30°)。

6. 接收指向性指数(DI)

接收指向性指数是表示接收基阵抑制非目标方向信号干扰的参数。接收基阵的指向性图越尖锐,指向性越高,抑制噪声的能力越强。指向性指数要根据换能器基阵的具体参数来计算。

7. 检测阈值(DT)

检测阈值可理解为接收机接收端要求的信噪比门限。

3.1.3.2 被动声呐方程

被动声呐的接收信号(舰艇远场噪声)只存在单程传播损失,且被动声呐不发射信号,因而没有混响。被动声呐方程中不存在目标强度 TS 项,可得被动声呐方程

$$ST - TL - (NL - DI) = DT \tag{3-94}$$

其中,SL 为噪声声源级。

尽管声呐方程是用来衡量声呐性能的常用方程,但这一方程并不全面。除作用距离之外,系统使用环境、时间变化、水文条件等都会影响声呐系统的性能。故引入"优质因数"FOM 这一组合参数,作为声呐系统性能的衡量标准。

$$FOM = SL - (NL - DI + DT) \tag{3-95}$$

该参数与传播条件和目标条件无关。对于主动声呐,目标强度 0 dB 是声呐系统检测到目标时所容许的最大双程传播损失;对于被动声呐,它是最大单程传播损失。可根据水介质特征推定作用距离。声呐方程不能全面衡量声呐性能,原因在于其未考虑环境的时空特性、信号波形、目标强度等特征,以及跟踪搜索方式等因素。尽管如此,声呐方程仍是声呐性能预报和设计的有力工具[3]。被动声呐原理如图 3-12 所示。

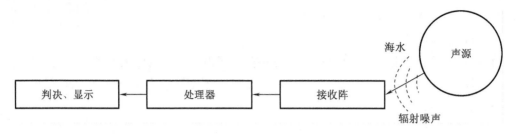

图 3-12 被动声呐原理

3.1.4 海水中的声吸收

海水是一种不均匀的流体介质,声波在该种介质中传播时会产生各种能量损失,这些能量损失是由多种因素造成的。概括来讲,声在海水中的传播损失的原因可分为以下三个方面。

3.1.4.1 扩展损失(TL_1)

声波在海水中是以球面波的形式传播的,球面不断扩大,每一个传播点上的能量会不断减小,这种扩展损失又叫作几何衰减。

1. 平面波扩展损失

根据传播损失的定义,TL_1(单位:dB)表示为

$$TL_1 = 10\lg\frac{I(1)}{I(x)} = 0 \tag{3-96}$$

平面波的波前面不随距离而变化,因此无扩展损失。

2. 球面波扩展损失

球面波的扩展损失为

$$TL_1 = 10\lg\frac{I(1)}{I(x)} = 20\lg r \tag{3-97}$$

3. 典型的声扩展损失

一般情况下,可将扩展损失 TL_1 表示为

$$TL_1 = n \times 10\lg r \tag{3-98}$$

式中,r 为传播距离;n 为常数。

当 $n=0$:适用于平面波传播,$TL_1=0$。

当 $n=1$:适用于柱面波传播,$TL_1=10\lg r$。

当 $n=3/2$:考虑海底对声波吸收的浅海声传播,$TL_1=15\lg r$;考虑界面对声吸收的柱面传播损失 $TL_1=10\lg r$ 的修正。

当 $n=2$:适用于球面波传播,$TL_1=20\lg r$。

当 $n=3$:适用于穿过浅海负跃变层的声传播损失,$TL_1=30\lg r$。

当 $n=4$:是考虑多途干涉效应后,远场的声传播损失,$TL_1=40\lg r$。

3.1.4.2 吸收损失

海水是一种不均匀介质,吸收损失是由于海水介质的热传导以及盐类的弛豫过程引起的声强减弱,又称为物理衰减。

3.1.4.3 散射

在海水中充斥着大量的微生物、泥沙颗粒、气泡等悬浮物质,会导致声波传播过程中的散射效应,从而引起声强衰减。此外,由温跃层、盐跃层等引起的声波散射也是声强衰减的重要原因。

3.2 海洋声散射特性

水声学中,目标通常指潜艇、鱼雷、水雷和礁石等物体。当声波传播到目标位置时,会同时发生反射和散射,因此这些目标同时是声波的反射体和散射体。然而该类目标散射体与海面、海底散射体不同,海面、海底等散射所产生的声波信号多为无规则信号,具有随机性,而该类目标的反(散)射信号具有一定的规律性。在本节中,主要探究海洋声散射特性。

3.2.1 海洋声散射体

3.2.1.1 海洋生物

海洋生物是海洋声散射体的重要组成部分,研究海洋生物声散射体具有重要的意义。一方面它对目标探测以及海洋背景噪声具有直接影响;另一方面,由于海洋生物群落的分布规律与海洋环境(如环流、锋面等)具有一定的相关性,研究海洋生物散射是研究海洋环境的重要途径。

对海洋生物散射的研究主要包括两个方面:

(1)根据生物大小、分布密度等其他特征参数反演其散射声信号特征;

(2)根据获取声信号特征判断生物散射体的相关特征参数。目前,常用反向散射参数 σ 表示散射特性。

其中,

$$\sigma = 4\pi \frac{I_r}{I_i} \bigg| r = 1 \qquad (3-99)$$

σ 与目标强度 TS 的关系式为

$$TS = 10\lg\left(\frac{\sigma}{4\pi}\right) \qquad (3-100)$$

下面以鱼群为例介绍生物目标强度估算模型。

鱼群是捕鱼业鱼声呐探测的目标。世界各国已对鱼类的目标强度做了大量研究。英国科学家 Cushing 通过实验研究获得了鱼体长和目标强度之间的关系,如图 3-13 所示,其中直线为 TS 值与鱼体积的关系。

Cushing 建立了鱼的目标强度经验公式[4]

$$TS = 19.1\lg L - 0.9\lg f - 62.0 \qquad (3-101)$$

其中,L(单位:cm)为鱼长,f 为声波频率,该式适用范围为 $0.7 < \dfrac{L}{\lambda} < 90$,$\lambda$ 为探测波长。

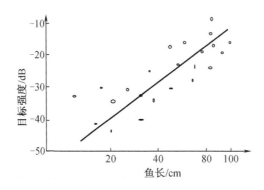

图 3-13　各种商业鱼的目标强度

3.2.1.2　水中目标

水中目标探测为水声技术研究的重要应用,明确水中目标的散射特性尤为重要。下面以潜艇和鱼雷、水雷为例分别介绍水中目标散射体的目标强度模型。

1. 潜艇的目标强度

潜艇的目标强度具有较强的离散性,其离散性表现为,在不同的潜艇型号、不同测量环境、不同测量时间的影响下,其目标强度都会有较大的区别。即使对同一艘潜艇,每一次测量都会有不同的目标强度值。

对于潜艇而言,其外部形状和内部结构都很不规则,因此在不同方位测得的目标强度值也不尽相同。经研究总结规律如下:

①由于潜艇艇壳的镜反射作用,潜艇左右两舷的正横方向目标强度较大;

②由于艇壳不规则以及尾流影响,艇首和艇尾的目标强度较低;

③由于舰艇结构内反射因素,艇首和艇尾的目标强度比相邻区域高。

目标强度值与距离有关,距离越大,其目标强度越大,当距离达到一定值,目标强度值随距离的增加几乎不再变化。通常情况下,测量距离 r 应大于 $\dfrac{L_2}{\lambda}$(L_2 为目标长度,λ 为探测波长)。目标强度值与探测脉冲长度有关,探测脉冲越长,其测得目标强度越大。当探测脉冲足够长,目标强度值不随探测脉冲长度而变化。此外,关于潜艇的目标探测强度,人们还研究了其他因素,如频率、航行深度等与目标强度之间的关系,本章节不再详细论述。

2. 鱼雷和水雷的目标强度

鱼雷和水雷的目标强度与其形状有着紧密的关系。两者前端都是较为平滑的圆柱状,因此由于镜面反射原理,前端回声强度较大。反之,两者尾端为推进器,形状凹凸不平,故其尾端的回声强度较小。

以圆柱形物体为例,其目标强度的表达式为

$$TS = 10\lg\left[\frac{\partial L^2}{\partial \lambda}\left(\frac{\sin\beta}{\beta}\right)^2\cos^2\theta\right] \qquad (3-102)$$

综上,圆柱状物体的目标强度对声波的入射角度有较强的敏感性。入射角的轻微变化都会导致圆柱状物体的目标强度有较大变化。此外,与潜艇相似,鱼雷和水雷的回声强度对探测声波的频率、测量距离、脉冲长度及方位角等都有较大的敏感性。

3.2.1.3 悬浮体

1. 悬浮体的物质组成

海洋悬浮体是海洋声散射体的重要组成部分,海洋悬浮体主要包括生物碎屑、岩石碎屑、矿物碎屑和有机碎屑等。其主要来源有陆源、生源、海水中自生,以及海底表层沉积物的再悬浮等。陆源物质包括斜长石、石英等矿物;生物成因的物质主要为方解石、颗藻石等,是生物残体的主要成分。新的生源物质主要是硅藻和生物粪粒。铁、锰的氧化物以及部分硅酸盐、碳酸盐等可在水体中直接沉淀或与海水发生反应形成悬浮物。以上物质在洋流等的作用下,发生再悬浮,形成悬浮体散射层。

2. 悬浮体测量

LISST-DEEP 型现场激光粒度仪由美国开发,是利用电池供电的自容式工作仪器,支持剖面、锚系或拖曳等多种测量模式,测量的对象为水体悬浮颗粒,测量悬浮颗粒的粒径范围为 2.5~500 μm。

3.2.2 海洋悬浮体声散射特性

3.2.2.1 悬浮体的声散射吸收特征

海水的声吸收包括纯净海水声吸收、悬浮体声吸收。悬浮体声吸收又包括黏滞声吸收和散射声吸收。纯净海水声吸收系数由海水温度、盐度、压强、pH 值和声波发射频率决定。悬浮体黏滞声吸收是颗粒物与水分子相对运动造成的,其散射声吸收是由向各个方向散射入射波造成的。海水吸收系数可表示为

$$\alpha_w = 1.89\times 10^{-2}\frac{Sf_mf^2}{f_m^2+f^2} + 2.72\times 10^{-2}\frac{f^2}{f_m} \quad (\text{dB/km}) \qquad (3-103)$$

式中 f_m——弛豫频率,$f_m = 21.9\times 10^{6-\frac{1520}{T+273}}$,kHz;

T——温度,℃;

S——盐度,‰;

f——声波频率,kHz。

悬浮颗粒物黏滞声吸收公式为

$$\alpha_v = (10\log e^2)\left\{\frac{\varepsilon k(\sigma-1)^2}{2}\left[\frac{\tau}{\tau^2+(\sigma+\delta)^2}\right]\right\} \qquad (3-104)$$

其中，$\delta = \frac{1}{2}\left(1 + \frac{9}{2\beta a}\right)$（$a$ 为泥沙颗粒半径；$\beta = \sqrt{\frac{w}{2v}}$，为黏滞剪切波透入深度的倒数，$w$ 为圆频率，v 为液体的动黏滞率）；$\tau = \frac{9}{4\beta a}\left(1 + \frac{1}{\beta a}\right)$；$\varepsilon$ 为粒子的体积分数；$k = \frac{w}{c}$，k 为波数，c 为声速；$\sigma = \frac{\rho'}{\rho}$ 为泥沙颗粒密度与水密度之比。

悬浮粒子的散射声吸收公式为

$$\alpha_S = 10\log e^2 \frac{\varepsilon K_\alpha x^4}{a\left(1 + \varepsilon x^2 + \frac{4}{3}K_\alpha x^4\right)} \quad (3-105)$$

其中，$K_\alpha = \frac{1}{6}\left(r_k^2 + \frac{r_\rho^2}{3}\right)$（$r_k = \frac{k'-k}{k}$，$r_\rho = \frac{3(\rho'-\rho)}{2\rho'+\rho}$，为密度之比，其中 k 为液体的体积压缩率，k' 为泥沙颗粒的体积压缩率）；$x = ka$；ε 是一个可调整的常数；a 为悬浮颗粒的半径。

3.2.2.2 悬浮体的声散射特征

在悬浮体的散射生成函数中，把悬浮粒子视为各向同性的球体。该球体可为刚性可运动型，也可为刚性不可运动型和弹性体。球形悬浮体散射衰减系数的高通模型采用了单个散射生成函数，称为高通模型。在模型中，散射球体幅度散射生成函数在 Ryaeligh 范围内随距离变化，而在几何范围内变成常数。

球形悬浮体散射衰减系数的高通模型为

$$\alpha_S = (10\log e^2)\left(\frac{\varepsilon K_\alpha x^4}{\langle\alpha\rangle\left(1 + \varepsilon x^2 + \frac{4}{3}K_\alpha x^4\right)}\right) \quad (\text{dB/m}) \quad (3-106)$$

式中，$K_\alpha = \frac{1}{6}\left(r_k^2 + \frac{r_\rho^2}{3}\right)$；$\varepsilon$ 是一个可调整的常数，且 $\varepsilon \geq 1$，允许这个被调整的多项式来改进数值 x 与实验数据的拟合。K_α 中的 r_k 和 r_ρ 是可压缩性比和密度比，给定为

$$r_k = \frac{k_s - k_0}{k_0}, \quad r_\rho = \frac{3(\rho_s - \rho_0)}{2\rho_s + \rho_0} \quad (3-107)$$

只要悬浮物体积分数小于 9%，这种线性关系便是正确的。事实上，低于该值的液体可忽略粒子的相互作用及多次声散射影响。

3.2.3 海底声散射特性

3.2.3.1 海底声散射系数

海洋是一种复杂的声学介质。海洋本身和其界面包含着许多不同类型的不均匀性粒子，这些不均匀性粒子形成物理性质不连续的介质，会辐射掉一部分照射在它们上面的声能。该再辐射现象称作散射。粗糙海底界面声散射现象非常复杂，它主要由信号入射频率、海底表面粗糙程度、海底物理构成及其不均匀性等因素控制。

海底散射系数为在单位距离处被单位海底面积所散射（再辐射）的声强与入射声强

之比

$$S = \frac{I_{\text{sat}}}{I_{\text{inc}}} \quad (3-108)$$

散射强度为

$$S_b = 10\lg S \quad (3-109)$$

其中，I_{inc}为入射信号强度；I_{sat}为距离海底等效散射声中心单位距离处的散射声强。用射线声学理论来描述海底界面散射现象。当入射声线的掠射角θ_i、方位角φ_i，散射声线的散射掠射角θ_s、散射方位角φ_s以不同的组合出现时，所求得的散射系数是不同的。此外，海底界面对入射声信号的散射强度随频率f的变化而变化。海底散射系数S是以上5个量$(\theta_i, \varphi_i, \theta_s, \varphi_s, f)$的函数(图3-14)。

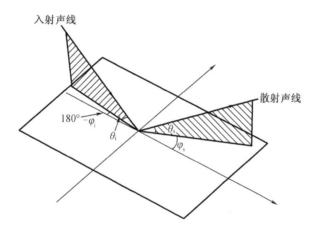

图3-14 海底散射示意图

3.2.3.2 海底声散射模型

海底的声散射现象非常复杂，它与海底界面的不平整度、海底沉积物的物理特征（沉积物的类型、密度、声传播速度和吸声系数等）有着密切的关系。建立合理的散射计算模型对混响预报、声呐设计等具有重要意义，且通过散射模型计算散射系数快捷、经济、易于实施，所以长期以来国内外许多学者致力于海底声散射模型的研究工作。在本章节中引入一种新的三维散射模型[5]。该模型的最大优点是解决了收发分置情况下海底散射系数的计算，对多基地声呐设计具有很强的指导意义。另外，依据该模型计算得到的散射系数与前文提到的散射系数的定义相吻合。下面给出该散射模型的详细论述。

该散射模型假设海底界面的起伏分布为各向同性的二维高斯随机过程，海底沉积物为单一物质且不存在分层。引入二维高度谱的概念对界面的不平整性进行描述[6]。

$$W(\boldsymbol{K}) = \frac{1}{(2\pi)^2}\int_{-\infty}^{\infty}\int_{-\infty}^{\infty}\exp(i\boldsymbol{K}r)B(r)\mathrm{d}^2r \quad (3-110)$$

式中，$\boldsymbol{K}$为二维波向量，与入射声波波数k在幅值上相等；$W(\boldsymbol{K})$为界面的二维高度谱；$B(r)$

为高度随机分布函数 $h(r)$ 的自相关函数。

$$B(r) = E\{h(r+r_0)h(r_0)\} \quad (3-111)$$

在高度分布为各向同性高斯随机过程的假设前提下可求得二维谱形式为

$$W(\boldsymbol{K}) = \frac{w}{(kh)^r} \quad (3-112)$$

式中,w 为谱强度;r 为谱指数,取值范围为 $2\sim 4$。

引入变量

$$C_h^2 = \frac{2\pi w \Gamma(2-\alpha)2^{-2\alpha}}{h_0^r \alpha(1-\alpha)\Gamma(1+\alpha)} \quad (3-113)$$

$$\alpha = \frac{r}{2} - 1$$

式中,$\Gamma(\cdot)$ 为 Gama 函数。

对模型中出现的一系列海水及海底的物理参数做如下说明:p 为海水与海底沉积物的密度比;v 为海水中声速与海底沉积物中声速之比。

引入中间变量

$$\beta = \frac{1+\mathrm{i}\delta}{v} \quad (3-114)$$

$$P(\theta) = \sqrt{\beta^2 - \cos^2\theta} \quad (3-115)$$

$$R(\theta) = \frac{\rho\sin\theta - P(\theta)}{\rho\sin\theta + P(\theta)} \quad (3-116)$$

式中,$R(\theta)$ 为海底界面的瑞利反射系数;δ 为损失参数,描述为沉积物中声波虚波数与实波数之比,它可以由沉积物的吸声系数来获得,即

$$\delta = \frac{\alpha_\mathrm{b} v c \ln 10}{40\pi f} \quad (3-117)$$

式中,α_b 为沉积物的吸声系数,dB/m;c 为沉积物中声速,m/s;f 为声波频率,Hz。

在上述假定条件下将海底的散射系数表示为海底界面不平整性散射与海底沉积物体积散射之和。

$$\sigma(\theta_\mathrm{i},\theta_\mathrm{s},\varphi_\mathrm{s}) = \sigma_\mathrm{br}(\theta_\mathrm{i},\theta_\mathrm{s},\varphi_\mathrm{s}) + \sigma_\mathrm{bv}(\theta_\mathrm{i},\theta_\mathrm{s},\varphi_\mathrm{s}) \quad (3-118)$$

散射强度表示为

$$S_\mathrm{b}(\theta_\mathrm{i},\theta_\mathrm{s},\varphi_\mathrm{s}) = 10\lg[\sigma(\theta_\mathrm{i},\theta_\mathrm{s},\varphi_\mathrm{s})] \quad (3-119)$$

式中,σ_br 为海底界面不平整性散射;σ_bv 为沉积物体积散射。

海底界面的不平整性散射为 Kirchhoff 近似散射与扰动近似散射的叠加。

$$\sigma_\mathrm{br}(\theta_\mathrm{i},\theta_\mathrm{s},\varphi_\mathrm{s}) = [\sigma_\mathrm{kr}^\eta(\theta_\mathrm{i},\theta_\mathrm{s},\varphi_\mathrm{s}) + \sigma_\mathrm{pr}^\eta(\theta_\mathrm{i},\theta_\mathrm{s},\varphi_\mathrm{s})]^{\frac{1}{\eta}} \quad (3-120)$$

式中,σ_kr^η 为 Kirchhoff 近似散射;σ_br 为扰动近似散射。

Kirchhoff 近似散射为

$$\sigma_\mathrm{kr}(\theta_\mathrm{i},\theta_\mathrm{s},\varphi_\mathrm{s}) = \frac{|T(\varepsilon)|^2}{8\pi}\left(\frac{|\Delta^2|}{|\Delta_z||\Delta_t|}\right)^2 \int_0^\infty \mathrm{e}^{-qu^{2a}} \mathrm{J}_0(u)\mathrm{d}u \quad (3-121)$$

式中，Δ_z 和 Δ_l 为几何参数；$J_0(u)$ 为第一类 0 阶柱贝塞尔函数，μ 为沉积物中密度的扰动压缩比。扰动近似散射为

$$\sigma_{br}(\theta_i,\theta_s,\varphi_s) = A(k,\theta_s)|a_1[1+\mathrm{Re}(\theta_1)]+b_1[1-\mathrm{Re}(\theta_1)]|^2 w(2k\Delta_l) \quad (3-122)$$

沉积物体积散射为

$$\sigma_{bv}(\theta_i,\theta_s,\varphi_s) = \sigma_v\left\{\frac{|1+\mathrm{Re}(\theta_i)|^2|1+\mathrm{Re}(\theta_s)|^2}{2k\rho\mathrm{Im}[P(\theta_i)+P(\theta_s)]}\right\} \quad (3-123)$$

上述各式中，Im 和 Re 分别表示复数的虚部和实部。

将上述由界面不平整性、海底沉积物引起的散射系数代入式(3-118)中，可得海底散射系数理论计算模型表达式。分析该散射模型可得，海底散射系数与声波的入射角、散射角，入射信号的频率，海底界面的不平整度，以及海底沉积物的物理特征有着密切的联系。

3.3 海洋混响特性

除了海洋环境噪声、舰船噪声之外，还有海洋混响是主要的海洋背景噪声。混响作为一种特殊形式的海洋背景噪声，是由存在于海洋中的大量散射体产生的散射波在接收设备处叠加而成。其伴随声呐发射信号产生而出现，与声源信号特性和传播通道特征具有密切的关系。此外，海洋混响对声呐方程构建、声呐设备性能等都具有重大影响。

3.3.1 体积混响

3.3.1.1 体积混响理论

海水中存在大量的散射体，如海洋浮游生物、海洋气泡、水团等，入射声信号在传播过程中会在散射体上产生散射信号。各种散射信号在接收端相互叠加就形成了海水体积混响。

假设理想海水中存在大量均匀散射体，在海水中放置指向性发射器(图 3-15)，发射器单位距离处轴向声强为 I_b，空间 (θ,φ) 方向声强为 $I_b b(\theta,\varphi)$。在 (θ,φ) 方向距离声源 r 处为单位立体的散射体，根据散射理论，在返回声信号方向，距离声源单位距离处的散射声强为 $[I_b b(\theta,\varphi)/r^2]S'_V dV$。故在返回声信号方向，散射声强可表示为 $I_b b(\theta,\varphi)S'_V dV/r^4$，若改变接收器的指向性为 $b'(\theta,\varphi)$，则接收端声强为 $I_b b(\theta,\varphi)b'$。由于散射体广泛存在于海洋中，接收端的散射声强为所有体元的散射能量叠加，若单位体积中存在较多散射体，可用积分形式表示散射声强(图 3-15)。

$$I_{sat} = I_b \int_V \frac{S'_V}{r^4} b(\theta,\varphi) b'(\theta,\varphi) dV \quad (3-124)$$

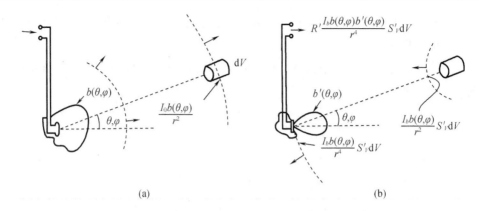

图 3-15 体积散射几何图(反射与接收)

假设每个体元的散射强度相同,可得散射强度的绝对值为

$$I_{\text{sat}} = I_b S'_V \int_V^0 \frac{1}{r^4} b(\theta,\varphi) b'(\theta,\varphi) \mathrm{d}V \qquad (3-125)$$

根据等效平面波混响原理,可得体积混响等效平面波混响级

$$RL = 10\lg\left[\frac{I_b}{I_0} S'_V \int_V^0 \frac{1}{r^4} b(\theta,\varphi) b'(\theta,\varphi) \mathrm{d}V\right] \qquad (3-126)$$

其中,I_0 为参考声强。

可按图 3-16 选择散射体元,可得

$$\mathrm{d}V = r^2 \frac{c\tau}{2} \mathrm{d}\Omega \qquad (3-127)$$

其中,c 为声速;τ 为脉冲宽度;$\mathrm{d}\Omega$ 为立体角(圆柱横截面与接收点之间的夹角)。综合上式可得体积混响的总声强以及等效平面波混响级:

$$I_{\text{sat}} = I_b S'_V \frac{c\tau}{2} \frac{1}{r^2} \int bb' \mathrm{d}\Omega \qquad (3-128)$$

$$RL = 10\lg\left(\frac{I_b}{I_0}\right) S'_V \frac{c\tau}{2} \frac{1}{r^2} \int bb' \mathrm{d}\Omega \qquad (3-129)$$

其中,bb' 为换能器组合指向性。

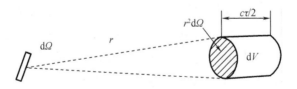

图 3-16 体积混响时体元选法

图 3-17 所示为理想的等效组合指向性图案,Ψ 为立体角,该角内,相对响应为 1;该角之外,响应为零,即

$$\int_0^{4\pi} bb' \mathrm{d}\Omega = \int_0^{\Psi} 1 \times 1 \mathrm{d}\Omega = \Psi \qquad (3-130)$$

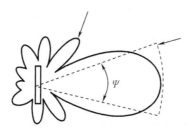

图 3-17 理想的等效指向性图案

利用理想指向性图案代替组合指向性图案可得

$$I_{\text{sat}} = I_b S_V' \frac{c\tau}{2} \frac{1}{r^2} \Psi \tag{3-131}$$

$$RL = 10\lg\left(\frac{I_b}{I_0} S_V' \frac{c\tau}{2} \frac{\Psi}{r^2}\right) \tag{3-132}$$

即

$$RL = SL + S_V - 40\lg r + 10\lg\left(\frac{c\tau}{2} r^2 \Psi\right) \tag{3-133}$$

其中,$SL = 10\lg\frac{I_b}{I_0}$,$S_V = 10\lg S_V'$,分别为声源信号声源级和体元散射强度;$\frac{c\tau}{2} r^2 \Psi$ 为理想指向性下混响产生的体积。

$$RL = SL + S_V - 40\lg r + 10\lg\left(\frac{c\tau}{2} r^2 \Psi\right) - 2r\alpha \tag{3-134}$$

式(3-127)中,r 为信号散射体与信号接收端的距离,传播时间为 t,传播速度为 c,可得

$$I_{\text{sat}} = I_b S_V' \frac{4}{c^2 t^2} \frac{c\tau}{2} \Psi \tag{3-135}$$

$$RL = SL + S_V - 20\lg \frac{ct}{2} + 10\lg\left(\frac{c\tau}{2} \Psi\right) \tag{3-136}$$

散射强度 I_{sat} 与声源信号强度 I_b、声源信号脉冲宽度 τ、组合指向性等参量 Ψ 成正比,与传播时间成反比;此外,与海域散射体的散射强度有关。

3.3.1.2 深水体积混响及其特征

为观测体积混响的声源,利用测深仪对各深度层的散射强度进行测量,研究海底反射信号之前的回波强度与时间的关系,研究结果表明:

①海水某一深度存在一个较强的散射层,与之相比,其他混响可忽略不计。该散射层称为深水散射层(DSL),其深度为 180~900 m,典型深度位于 400 m。

②深水散射层具有一定深度,典型厚度为 90 m。

③经调查发现,深水散射层随昼夜变化而变化,特别在日出日落时间变化更为明显。因此可以推断,该深水散射层是由生物群落组成的。相比之下,海洋中的非生物性的散射体如泥沙颗粒、不均匀水团、湍流等引起的散射效应是可以忽略不计的。

④在深水散射层中，S_V是变化的；当声波频率为24 kHz时，层中的S_V值范围为-70~80 dB；此外，在1.6~12 kHz，层中值具有选择性。低频选频特性可能是鱼类等造成的。不同深度处，层具有不同的共振频率。

⑤散射层广泛存在于全球海洋中，是全球海洋声学和生物学特征。

⑥深水散射层内，S_V值较大；在层外，S_V值较小。

⑦在频率大于10 kHz时，S_V呈3~5 dB倍频程的增长率。

3.3.2 海面混响

海面的不平整性使其成为海面混响层，对声波散射效应明显。此外，风浪导致的海水表层运动会产生大量气泡，这些气泡会在海面以下一定深度汇集，形成一个气泡层，气泡层对海水的散射效应是海面混响层产生的另一个重要因素。海面混响与体积混响的机理不同，属于界面混响。海面混响强度主要与掠射角、工作频率和海面风速三要素有关。

3.3.2.1 海面混响理论

海面的不平整性和海浪产生气泡的散射效应是产生海面混响的主要原因。海面气泡存在于一定厚度（H）的水层之中，对海面混响具有重要的贡献。海面混响的重要贡献区域是厚度为H，宽为$\frac{c\tau}{2}$的球台状圆环（图3-18）。

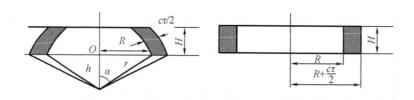

图3-18 海面散射层混响体积

假设在O位置安装收发合置换能器，该装置距离海面散射的距离为h。$b(\theta,\varphi)$和$b'(\theta,\varphi)$分别为收发换能器的指向性图案，散射层声源投影位置距离圆环为R，r为声源位置到圆环内侧的斜距。可得对混响有贡献的散射声强

$$I_{\mathrm{sat}} = \int I_b S'_V \frac{1}{r^4} b(\theta,\varphi) b'(\theta,\varphi) \mathrm{d}V \qquad (3-137)$$

假设：$R \gg h, r \gg h, r \gg H$ 且 $\alpha = \frac{\pi}{2}$，因散射层厚H很小，收发换能器的垂直指向性在层中的变化不大，水平指向性起主要作用。故可认为散射层在换能器指向性图案平面内，可选取

$$\mathrm{d}V = H \frac{c\tau}{2} r \mathrm{d}\varphi \qquad (3-138)$$

与式(3-137)组合可得

$$I_{\text{sat}} = \frac{I_b}{r^4} \times \frac{c\tau}{2} rHS'_V \int_0^{2\pi} b(0,\varphi) b'(0,\varphi) \mathrm{d}\varphi \tag{3-139}$$

假设在理想指向性图案满足条件:在 φ 内,响应均匀,为单位值;在 φ 外,响应为零,即

$$\int_0^{2\pi} b(0,\varphi) b'(0,\varphi) \mathrm{d}\varphi = \int_0^{2\pi} 1 \times 1 \mathrm{d}\varphi = \varphi \tag{3-140}$$

可得散射声强表达式

$$I_{\text{sat}} = \frac{I_b}{r^4} \times \frac{c\tau}{2} rHS'_V \varphi \tag{3-141}$$

根据等效平面波混响级理论,可得海面混响的等效平面波混响级表达式

$$RL = SL - 40\lg r + S_V + 10\lg H + 10\lg\left(\frac{c\tau}{2} r^2 \Psi\right) \tag{3-142}$$

S_V 为体积散射强度;S_s 为界面散射强度,两者满足关系:

$$S_s = 10\lg\int_0^H S_V(z) \mathrm{d}z \tag{3-143}$$

若散射层内 S_V 为均匀的,则

$$S_s = 10\lg\int_0^H S_V(z) \mathrm{d}z \tag{3-144}$$

可得等效平面波混响级

$$RL = SL - 40\lg r + S_s + 10\lg\left(\frac{c\tau}{2} r\Psi\right) \tag{3-145}$$

若考虑海水声传播速度,可得

$$RL = SL - 40\lg r + S_s + 10\lg\left(\frac{c\tau}{2} r\Psi\right) - 2r\alpha \tag{3-146}$$

其中,α 为吸收系数。

3.3.2.2 海面散射强度

长期以来,对海面混响的研究,主要集中在对海面散射强度的研究,主要研究成果概括如下。

1. 海面散射强度与风速、掠射角的关系

海面散射强度与掠射角、频率和海面风速有密切关系。掠角不同,海面混响机理不同,其关系可分为以下三个区域(图 3-19):

(1)掠射角小于 30°:散射强度不随掠射角变化,但由于散射层的气泡密度随风浪增大而增大,随风速增大而增大。因此,在掠射角小于 30°时,控制散射强度的主要因素为气泡散射强度。

(2)掠射角 30°~70°:散射强度随掠射角变大而变大,随风速增大而增大,但是后者变化速率明显变

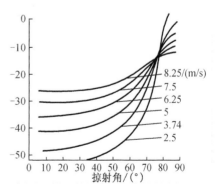

图 3-19 海面散射强度和掠射角、风速关系

小。在该角度范围内,海表面的反向散射为主要控制因素。

(3)掠射角为70°~90°:散射强度随风速增大而减小,在大角度范围内,镜反射为散射强度的主要控制因素。

2. 海面散射强度与频率的关系

海面散射强度与频率的关系为:在低角度时有较强的频率关系,约 3 dB 倍频程上升,在接近垂直入射时,上述关系不成立。

3. 海面散射强度的经验公式

海面反向散射强度的经验公式为

$$S_s = 3.3\beta \lg \frac{\theta}{30} - 42.2\lg \beta + 2.6 \qquad (3-147)$$

式中,$\beta = 158(vf^{\frac{1}{3}})^{-0.58}$;$v$ 为风速,kn;θ 为掠射角,(°);f 为频率,Hz。

据图 3-19 可知,海面散射强度 S_s 比体积散射强度大很多,其值为 $-20 \sim -60$ dB。

3.3.3 海底混响

与海面混响同理,海底也是一个起伏不平的声学界面。它不但是一个很好的声波反射界面,同时对声波散射效应也具有巨大的影响。因此,把海底特性引起的声波散射效应称为海底混响。经研究发现,海底混响强度主要与海底底质、掠射角和声波频率有关。

3.3.3.1 海底混响理论

海底混响也是一种界面混响。海底散射的空间几何关系如图 3-20 所示,将收发合置换能器安置在距离海底 H 处,其声强指向性为 $b(\theta,\varphi)$ 和 $b'(\theta,\varphi)$。其中,$H \ll r$,即 $\alpha \approx \frac{\pi}{2}$ ($\theta = 0$),使得反向散射强度只与水平方向性有关,故将 $b(\theta,\varphi)$ 和 $b'(\theta,\varphi)$ 简化为 $b(0,\varphi)$ 和 $b'(0,\varphi)$。同理于体积混响理论,将海底混响有效散射声强代入面元

$$dA = r\frac{c\tau}{2}d\varphi \qquad (3-148)$$

可得

$$I_{sat} = \frac{I_b}{r^4} r S'_V \frac{c\tau}{2} \int_0^{2\pi} b(0,\varphi) b'(0,\varphi) d\varphi \qquad (3-149)$$

假设等效理想收发组合指向性图案,在开角 φ 内为均匀单位响应,开角外为零,即

$$\int_0^{2\pi} b(0,\varphi) b'(0,\varphi) d\varphi = \int_0^{\varphi} 1 \times 1 d\varphi = \varphi \qquad (3-150)$$

基于理想指向图案,散射强度为

$$I_{sat} = \frac{I_b}{r^4} r S'_b \frac{c\tau}{2} \varphi \qquad (3-151)$$

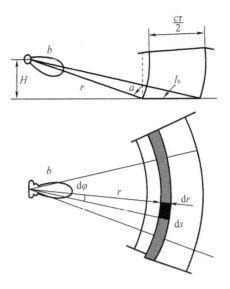

图 3-20　海底散射的空间几何关系

海底混响的等效平面波混响级 RL 为

$$RL = SL - 40\lg r + S_b + 10\lg\left(\frac{c\tau}{2}r\Psi\right) \tag{3-152}$$

考虑海水中的声传播损失,可得

$$RL = SL - 40\lg r + S_b + 10\lg\left(\frac{c\tau}{2}r\Psi\right) - 2r\alpha \tag{3-153}$$

其中,α 为吸收系数。

3.3.3.2　海底散射强度

海底散射强度影响因素众多,主要为海底底质、掠射角和声波频率,下面分别介绍其对海底散射强度的影响。

1. 海底散射强度值随海底粗糙度、声波频率变化

根据海底散射强度与频率的关系,可将海底粗糙程度大致分为以下三类:

(1)起伏不大的深海平原:粗糙程度与波长相近,散射强度随频率增大而增大,变化曲线曲率较大。

(2)起伏较大的崎岖海底:在频带 1~30 kHz 内,散射强度与频率关系不明显,可用兰伯特丁定律描述。

(3)起伏及崎岖程度介于两者之间的海底:该类海底对应的海底散射强度与频率的关系介于以上两者之间。

2. 海底散射强度值随海底底质变化

海底底质成分对散射强度具有较大影响,岩石、砂质海底的散射强度大于淤泥、泥浆海底的散射强度。此外,海底散射强度随掠射角变大而变大。

3. 海底散射强度值随声波掠射角变化

在低频、深海条件下,海底散射强度随掠射角增大而增大,可表示为

$$S_b = -28 + 10\lg \sin^2\theta \tag{3-154}$$

海底散射强度远远大于海面散射强度和体积散射强度,因此与探测海水中的相同尺寸的悬浮目标相比,探测海底目标难度更大。对于海底工程而言,海底混响是主要的背景噪声。

参 考 文 献

[1] 乌立克 R J. 水声原理[M]. 洪申,译. 哈尔滨:哈尔滨船舶工程学院出版社,1990.

[2] 奥里雪夫斯基 B B. 海洋混响的统计特性[M]. 罗耀杰,译. 北京:科学出版社,1977.

[3] 朱埜. 主动声呐检测信息原理[M]. 北京:海洋出版社,1990:13-14.

[4] LOVE R H. Dorsal-aspect target strength of an individual fish[J]. The Journal of the Acoustical Society of America,1971,49:816.

[5] STEMLICHT D D,DEMOVSTIEK CP D,STEMLICHT. Time-dependent seafloor acoustic backscatter(10-100 kHz)[J]. The Journal of the Acoustical Society of America,2003,114(5):2709-2725.

[6] 凌青. 基于多址信息综合的水下探测定位技术研究[D]. 哈尔滨:哈尔滨工程大学,2006.

第4章 海洋水体环境声学测量技术及其应用

海洋水体环境要素测量是海洋环境调查的主要内容之一,是开展海洋科学研究、海洋工程勘察和海洋资源开发的基本前提。海洋水体的基本环境要素涵盖海水温度、盐度、潮位、海流(流速和流向)、海水分层、中尺度现象以及水体中悬浮颗粒的分布特征等。声波作为唯一可实现水下长距离传输的物理信号,一直被视为海洋环境信息感知的最有效工具之一,因此声波测量也是海洋水体环境要素测量的重要手段。本章将从"潮水位测量""海流测量""悬浮颗粒测量"和"海洋声层析成像"四个方面介绍海洋水体环境声学测量技术及其应用的相关内容。

4.1 潮水位测量

引潮力的作用导致海洋水位出现周期性涨落,但不同地区潮位影响因素复杂,导致潮汐性质多变,不同海域潮位变化具有较大差异。因此,特定区域潮水位变化需要进行现场观测获取。潮水位资料对海洋军事行动、海运交通、水产养殖、海洋工程建设及风暴潮灾害预警等工作具有重要参考价值,一直受到人们的关注和重视。本节将对潮水位观测相关的基本知识进行介绍,并着重对潮水位声学观测技术的方法、原理及应用进行阐述。

4.1.1 概述

4.1.1.1 基本概念

潮水位即潮位,是潮水所达到的高程。潮水位测量过程首先需要确定水准点高程,然后确定潮高基准面高程。水准点是潮水位观测系统在建设时必须在临近位置建立的长期稳固的验潮高程基准点,其目的是稳定、准确地表示潮水位测量系统各高程基准面的位置。确定水准点高程,需要以国家高程水准点为引据点,用精密水准仪按国家二等水准测量要求进行,并以此作为推算潮高基准面高程的依据。潮高基准面是潮水位高度的起算面,通常选用最低低潮面作为潮高基准面,它是潮位测量中所使用的零值面。潮高基准面在订正到国家高程基准之前只能提供相对水位数据,只有通过水准测量订正到国家高程基准之后才具有实际的潮位意义。确定了观测水准点高程之后,以此为引据点,按国家三、四等水准测量要求确定潮高基准面的高程[1](图4-1)。

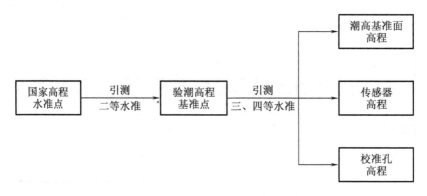

图 4-1 基准面确定流程框图

4.1.1.2 常见的潮水位测量方法

常见的潮水位测量方法有浮子式水位计、压力水位计、雷达水位计、全球定位系统(GPS)验潮系统和声学水位计等,每种测量方法有其自身的适用范围和优势。浮子式水位计是我国长期以来潮水位测量业务化应用的主要装置,其测量范围最高为 12 m,测量精度能够满足《海滨观测规范》(GB/T 14914—2006)的一级观测标准[2]。美国的国家潮位观测网使用的设备主要是声学水位计和雷达水位计,仅在个别地区(因特殊的环境条件)使用压力式或浮子式水位计。就设备的观测精度而言,美国使用的潮水位测量设备比我国的浮子式水位计高 1 个数量级;就可靠性而言,声学水位计和雷达水位计与海水无接触,几乎无生物附着和腐蚀,维护周期相对较长,质量小,方便布放和携带。下面分别对这几种潮水位观测方法做简要介绍。

1. 浮子式水位计测量技术

浮子式水位计由浮子感应水位变化带动水位轮和记录滚筒正、反旋转,浮子和平衡锤用塑胶铜线连接悬挂在水位轮上,浮子跟踪水位升降,最终以机械方式将水位模拟曲线直接记录在记录纸上(图 4-2)。记录纸装在记录滚筒外面,当水位上升时,水位轮和记录滚筒一起顺时针方向旋转;当水位下降时,水位轮和记录滚筒一起逆时针方向旋转,水位值自动记录在记录纸上。

2. 压力水位计测量技术

压力水位计利用高分辨率压力传感器测得水面升降或潮位变化引起的压力波动,根据压力变化可以求得表面波谱和潮水位变化。由于压力传感器置于水下,水流的冲击、悬浮物和水体含沙量等都会给测量带来影响,甚至使水位测量无法进行。为保证压力水位计可靠运行,通常的做法是在水位计的外围安装相应的辅助设施——保护井,同时在压力传感器外侧包裹过滤网防止泥沙堵塞。保护井可以给水位计营造一个相对稳定的环境,降低水面剧烈波动的干扰(图 4-3)。

压力水位计分直读式和自容式两种。前者可通过电缆将水下压力传感器与计算机相连,可以进行实时监测,但无法实现远程自动化监测;后者多封装于金属保护罩中,体积小,便于携带和快速安装,可以在风暴潮来临之前在预计受灾区域选择多个观测点进行快速布放,组成传感器网络,记录局部地区风暴潮期间的潮水位数据。

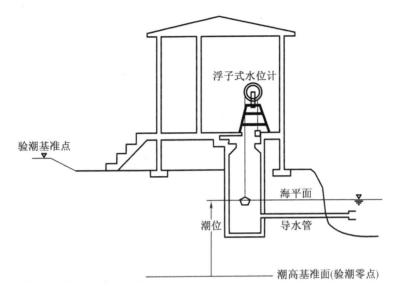

图 4-2　浮子式水位计(验潮站)

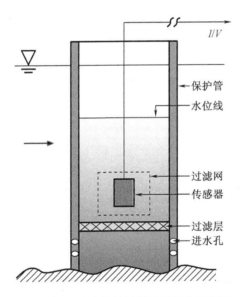

图 4-3　压力水位计及其辅助设备示意图

3. 潮水位雷达测量技术

潮水位雷达测量技术主要利用雷达回波测距原理进行潮水位测量(图 4-4)。测量过程中,其喇叭状天线向水面发射电磁波(微波),电磁波遇到具有不同相对介电常数的物质分界面时发生发射,反射波被接收天线所接收。通过测量传播时间差即可计算得到水面与雷达的相对距离,进行高程校正便可得到实际的潮水位信息。

4. GPS 验潮技术

GPS 验潮技术的基本原理就是在陆地已知点架设参考站,船上架设流动站,通过 GPS 定位和高程测量,对已知点与测量点进行计算校正,得出测量点的潮位(图 4-5)。该验潮方法可根据不同的定位技术进一步细分为三种,分别为实时动态差分法(real-time kinematic,RTK)、动态后处理技术(post processed kinematic,PPK)和精密单点定位技术(precise point positioning,PPP)。其中 RTK 验潮方法是在陆地已知点上架设参考站,船上架设流动站,采用 RTK 技术,船载设备得到实时厘米级精度的高程数据,该方法受数据通信链路的限制,有效作用范围一般在离岸 15 km 范围内;PPK 验潮方法是在岸上的已知点和船上架设接收机,同时记录原始数据,采用 PPK 技术,船载设备能够获得 10 cm 精度的高程数据,该方法不受无线电台传输距离的限制,但定位精度会随着作用距离的增大而降低;PPP 验潮方法是在船上架设接收机,记录原始数据,采用 PPP 技术,船载设备得到厘米级的高程数据,该方法不受作用距离限制,但不具有实时性[3]。

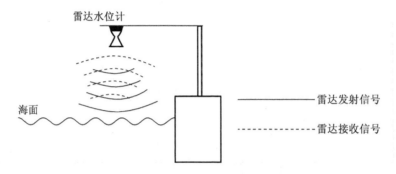

图 4-4 雷达水位计测量示意图

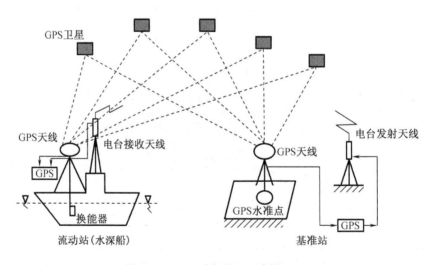

图 4-5 GPS 验潮原理示意图

5. 潮水位声学测量技术

声学水位计是基于声波回声测距原理进行潮水位观测的设备。测量过程中,通过在水面以上安装的超声波传感器,将具有一定频率和功率的电脉冲信号转换成同频率的声波信号,朝水面定向发射,声波在空气中以一定的速度传播,当遇到海气分界面时,声波发生反射,重新被传感器接收,模数转换电路将声信号转换成电脉冲信号,送微处理器做高程校正处理,最后显示并存储实际水位数据。

下面将重点介绍潮水位的声学测量技术。

4.1.2 基本原理、装备及观测方法

4.1.2.1 基本原理

通过水准引测的方式确定潮高基准面高程之后,根据声学水位计的外观参数可以测算声学传感器和声管校准孔的高程值。有了这两个高程值,就可以将测量到的水位数据订正到国家高程基准。

气介式声学水位计测量潮水位的过程和基本原理如图4-6所示,换能器垂直向下发射声波信号,声波信号经水面反射到接收换能器,利用测得的发射声波和反射声波时间差,按下式计算水面至换能器的距离(声程)L。

$$L = h - H = \frac{V_a}{2}t \tag{4-1}$$

式中　H——水面高程;

　　　h——换能器的高程;

　　　V_a——声波在空气中的传播速度;

　　　t——发射声波和反射声波的时间差。

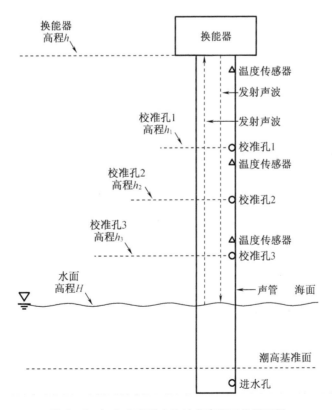

图4-6　气介式声学水位计各高程工作原理图

声学水位计的声管通常采用自校准技术,在连接声波换能器的第一节声管的已知位置上开一校准孔,校准孔的高程 h_1 为已知,则校准孔 1 的声程 L_1 可以由下式表示:

$$L_1 = h - h_1 = \frac{V_1 t_1}{2} \tag{4-2}$$

式中 V_1——换能器至校准孔 1 之间的声速;

t_1——校准孔 1 的反射时间。

取式(4-1)、式(4-2)声程的比,由此可得

$$L = \frac{V_a}{V_1}\frac{t}{t_1}L_1 \tag{4-3}$$

若声管中温度分布均匀,则声速 V_a 和 V_1 可视为相同,这样上式可简化为

$$L = \frac{t}{t_1}L_1 \tag{4-4}$$

然而实际情况中,声管中各段的温度通常各不相同,即存在温差。为了对温度引起声速变化带来的潮水位测量误差进行补偿,需要对校正孔上、下空气温度进行同步测量,有时为了保证足够的测量精度,甚至需要设置 2 到 3 个校准孔,并测量每个区间段的温度值(图 4-6),按照式(4-5)计算每个区间段的声速[4]。

$$V_n = 331.45 + 0.607 T_n \tag{4-5}$$

式中 V_n——声管某一区间段的声速;

T_n——声管某一区间段的空气温度。

上述测量方法是把声波换能器架设在空气中,超声波以空气为媒介进行传播,因此称作气介式声学潮水位测量方法。另一种方法是把声波换能器安装在水中(换能器始终处于最低低潮面以下,如图 4-7 所示),超声波以水为媒介进行传播,因此称作液介式声学潮水位测量法。这种情况下,换能器垂直向上发射声波信号,声波信号经水面反射到接收换能器。当水深较浅,且水体温度和盐度较为均一时,可按式(4-6)计算水面高程 H。

$$H = h + L = h + \frac{h_1 - h}{t_1}t \tag{4-6}$$

式中 h——换能器高程;

L——水面至换能器的距离(声程);

h_1——校准孔 1 高程;

t_1——校准孔 1 的声波反射时间;

t——发射声波和接收水面反射声波的时间差。

与水上测量相似,水下测量潮水位时,声速会受到水温、盐度和压力的影响。通常情况下,海水温度每变化 1 ℃,声速变化约 5 m/s(约 0.35%);盐度每增加 1‰,声速增加约 1.14 m/s(约 0.076%);深度每增加 100 m,声速增加约 1.75 m/s(约 1.17%),可见水体温度的变化对声速的影响最大。

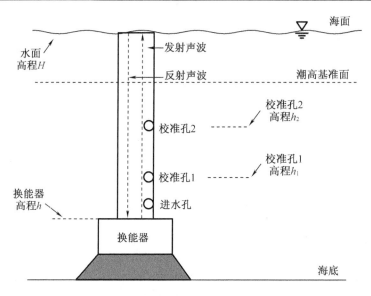

图 4-7 液介式声学水位计工作原理图

4.1.2.2 装备及观测方法

与水上测量、水下测量这两种声学潮水位测量原理相对应,声学潮水位观测设备包括气介式水位计和液介式水位计两种,下面分别对这两种设备做简要介绍。

1. 气介式声学水位计

气介式声学水位计可以依托已有的验潮站安装,安装时声管的外侧配套建设直径为 50~60 cm 的保护井(图 4-8)。保护井为上下封闭式设计,只在下端留有进水孔。这样设计的好处是既能使保护井内的水位与外部的潮水位保持同步升降,又可以保证井内的液面保持相对平静,显著减少碎浪飞溅和恶劣天气对水位测量的影响。

除此之外,该系统还可以进行简易安装,不需要依托验潮站(图 4-9)。比较常见的方法是直接将声学水位计、数据采集平台和电池仓固定在岸基构筑物上(如码头、小型平台等)。这种安装方式的优点是安装方便,维护成本低。

2. 液介式声学水位计

液介式声学水位计如一个倒置在海底的回声测深仪,它从海底垂直向海面发射窄幅的水声脉冲信号,在起伏的海面处反射回来后再被接收。一般来说,这类仪器的工作水深在 1.5~50 m,工作频率为 700 kHz 左右,脉冲频率为 10 Hz 左右,脉冲的幅宽以不超过 5°为佳。在测量时,如果海-气之间有一个明显的界面,而且海水的温-盐层结构比较稳定时,测量精度多半可以达到 95% 以上。但是,当海面出现破波,或天气恶劣,海面富集气泡或水沫,测量精度便大受影响。

4.1.3 应用案例

前文已提到,目前国内业务化运行的潮水位观测装置主要是浮子式水位计,声学水位计的实际应用案例较少。本节引用参考文献[5],以日本气象厅为例,介绍声学水位计的具体应用情况。

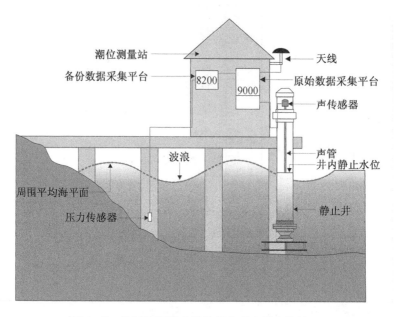

图4-8 依托验潮站安装的气介式声学水位计

图4-9 依托码头安装的气介式声学水位计

4.1.3.1 设备安装

本案例中的声学水位计依附于濑户海域一处码头的混凝土墩安装(图4-10)。声学水位计主要由一个超声传感器和不锈钢声管(长度为644 cm)组成。声管上分布有2~3个校准孔,声管表面由一根直径为10 cm 的灰色氯乙烯管包裹。该设备除了能够采集水位信息外,还集成了采集大气压力、空气温度、湿度等数据的传感器。该设备由100 V 交流电提供电力,采集到的水位信息、大气压力、空气温度和湿度数据由数据传输电路发送至数据处理终端。

图 4-10　声学水位计安装实景图

4.1.3.2　声管内温度的分布情况

前文讲过,超声波在空气中传播的速度取决于空气温度,因此了解声管中海-气边界层的温度分布对测算潮水位是非常重要的。为解决这一问题,研究者在声管内部每隔 1 m 安装了 1 个温度传感器,总共安装了 4 个传感器(T-1、T-2、T-3 和 T-4),各传感器记录到的温度变化如图 4-11 所示。温度传感器 T-1 和 T-2 紧挨着超声波传感器,正常潮位时通常位于水面之上。温度变化曲线表明从凌晨到清晨(0 时至 6 时 30 分),声管内各点的温度与气温相差不大。6 时 30 分之后,4 个传感器中 T-2 记录到的温度最高,T-1 和 T-3 大约比 T-2 低 5 ℃。T-4 的最高温度为 25 ℃,比其他 3 个传感器最高温度低 10 ℃ 左右。这种温度分布的不均匀性在安装声管的水位计中表现得尤为明显。尽管声管内安装有空气循环系统,但仍然很难实现温度的均匀分布。为了对声速进行温度校正,通常需要在低潮位时利用声管中的 2~3 个校准孔标定声速。

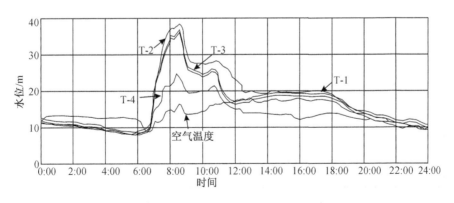

图 4-11　声管内的温度变化情况(2005 年 4 月 16 日)

4.1.3.3　声学水位计的观测精度(与压力水位计对比)

为了验证声学水位计的测量精度,研究者在观测点附近同步安装了一台压力水位计。该设备通过测量水和空气的联合压力来测算水深。压力水位计测算的水深值是在假定气压为 1.013×10^5 Pa 的标准大气压条件下得到的。水深值随气压变化而变化，二者的关系如下：

$$h_c = h_p - \frac{\Delta P}{\rho_w g} \times 100 \tag{4-7}$$

式中　h_c——纠正后的水深值，m；

　　　h_p——压力水位计测算出的综合水深值，m；

　　　ΔP——实测大气压与标准大气压的差值；

　　　ρ_w——海水的密度，kg/m^3；

　　　g——重力加速度，$9.8 \ m/s^2$。

海水的密度 ρ_w 是水温 T 和盐度 S 的函数，可由下面的方程计算：

$$\rho_w = 1\,000 - \frac{(T-3.98)^2}{503.57} \frac{T+283.0}{T+67.2} + (\sigma_{s0} + 0.134\,4) \times [1 - A_T + B_T(\sigma_{s0} + 0.134\,4)] \tag{4-8}$$

其中　$\sigma_{s0} = -0.069 + 1.470\,8 c_{Cl} - 0.001\,57 c_{Cl2} + 0.000\,038\,9 c_{Cl3}$

　　　$S = 0.003\,05 + 1.805 c_{Cl}$

　　　$A_T = T(4.786\,9 - 0.098\,185T + 0.001\,084\,3T^2) \times 10^{-3}$

　　　$B_T = T(18.03 - 0.816\,4T + 0.016\,67T^2) \times 10^{-6}$

式中，T 为水体温度；c_{Cl} 为氯离子的浓度值；S 为水体盐度。在淡水大量注入的海域（河流等），盐度的变化较为显著。濑户海域的观测点在四面环海的海岛上，没有大河注入淡水，因此可以假设观测点的盐度变化不大，约等于大洋海水盐度的平均值（35‰）。利用该点大气压力的实测数据，可以得到该点大气压力的差值 ΔP。有了这两个参数，就可以根据式(4-7)推算校正后的水深值 h_c。

研究者在 2005 年和 2006 年两次大、小潮期间对声学水位计和压力水位计两种测量仪器的测量准确度进行了对比。表 4-1 给出了观测的日期、潮汐类型和使用的校准孔数量。

表 4-1　声学水位计与压力水位计对比情况统计表

日期	潮汐类型	校准孔数量
2005 年 5 月 15 日	小潮	2
2005 年 5 月 24 日	大潮	2
2006 年 1 月 8 日	小潮	3
2006 年 1 月 16 日	大潮	3

在 2005 年的大、小潮对比测试中（图 4-12、图 4-13），声学水位计的声速可以通过两个校准孔进行校正。两个校准孔的高程分别为 5.38 m（校准孔 1）和 4.68 m（校准孔 2），而高潮时的最高潮位约 3.95 m（图 4-12），两个校准孔在这种情况下均不会被淹没。在 2006 年的大、小潮对比测试中（图 4-14、图 4-15），校准孔的高程分别为 4.30 m（校准孔 1）、3.27 m（校准孔 2）和 1.94 m（校准孔 3）。在 1 月 8 日的低潮位时（最高水位 3.00 m），校准

孔1和校准孔2均出露水面,可以用来校正声速;然而在1月16日的高潮时(最高水位达到3.50 m),校准孔2和校准孔3均被淹没,只剩下校准孔1可以用来校正声速。

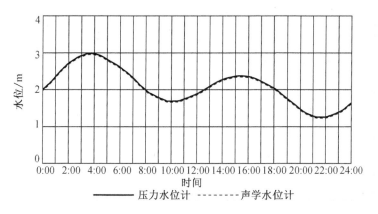

图4-12 观测数据对比图(2005年5月15日,小潮,2个校准孔)

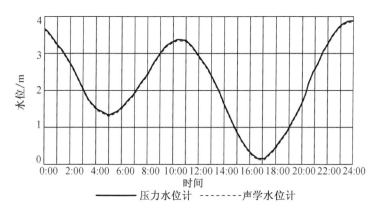

图4-13 观测数据对比图(2005年5月24日,大潮,2个校准孔)

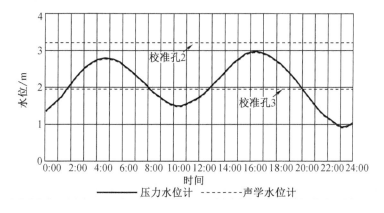

图4-14 观测数据对比图(2006年1月8日,小潮,3个校准孔)

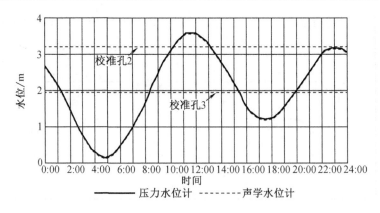

图 4-15　观测数据对比图(2006 年 1 月 16 日,大潮,3 个校准孔)

声学水位计和压力水位计测量差值的均方根 rms 可以用下面的公式表达:

$$\text{rms} = \sqrt{\frac{\sum_{i=1}^{N}(\eta_{1i}-\eta_{2i})^2}{N}} \tag{4-9}$$

式中,η_1 表示声学水位计的数值;η_2 表示压力水位计的数值;N 是观测对比次数。二者的观测对比结果如表 4-2 所示。

表 4-2　声学水位计和压力水位计测量差值均方根 rms 与 N 的统计关系表

N	rms/m	校准孔数量
12 395	0.054	2
2 304	0.053	3

统计结果表明,声学水位计与压力水位计的测量差值大约为 5 cm,这一差值没有随着校准孔数量的变化而变化。大量的观测对比结果也说明,声学水位计的精度能够满足潮水位测量的需要。

4.2　海流测量

4.2.1　概述

随着国民经济的不断发展,海流观测有着重大的意义。对渔业来讲,寒暖流交会处往往会形成良好的渔场;在港口建设行业,海流测量能够获取海洋泥沙运输量;海流的运动方向对海上运输业至关重要。此外,海流运动规律研究还涉及海洋科学的多个领域,例如:水团形成机理、海洋水气界面热交换机理等。因此,海流测量无论是对于国民经济发展,还是海洋多领域科学研究都具有重要的意义。

4.2.1.1 基本概念

海流测量的基本要素包括流速和流向。流速,是指单位时间内水质点的流动距离;流向,是指水质点在观测点的流动方向。定点式海流测量指测量海水中定点位置不同深度随时间变化的海流流速及流向。走航式海流测量是指测得一个海水断面的不同深度的海流流速及流向。海流计是用来进行海流速度测量和方向测量的仪器。

4.2.1.2 常见的海流测量方法

目前,海流测量方法众多,根据测量原理不同,常见的海流测量方法可划分为机械海流计测量、电磁海流计测量、漂浮法测量、声学海流计测量、遥感观测等。

1. 机械螺旋桨式海流计测量

机械螺旋桨式海流计(图4-16)依据螺旋桨受水流动力的转速来测定流速,该类海流计不受测深限制,但螺旋桨需要一个最小流速克服水中阻尼才能工作,该最小流速称为启动流速,因此当流速较低时,其测量误差较大。此外,流向测量依赖艉舵设计和中间转轴的阻尼大小,因此在低流速时的流向测量精度也较差。

2. 电磁海流计测量

电磁海流计(图4-17)是根据法拉第电磁感应原理设计的。通过测量海水流过磁场时产生的感应电动势大小来测定海水流速。早期的电磁海流计利用地磁场作为电磁海流计中的磁场,易受外界环境磁场干扰,且难以适用于低纬度海域。为克服地磁场电磁海流计的缺陷,已成功研发通过仪器自身产生磁场的电磁海流计。

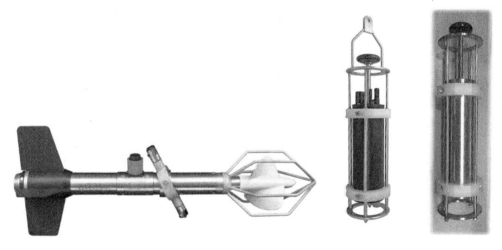

图4-16 机械螺旋桨式海流计　　图4-17 电磁海流计

3. 声学海流计测量

目前,各种声学海流计层出不穷,种类较多。按其工作原理不同可分为时差式声学海流计、聚焦式声学海流计(ADV)、多普勒式声学海流计。

本章节主要对声学海流计的原理、方法以及应用等进行详细阐述。

4.2.2 原理、方法与装备

4.2.2.1 基本原理

声学测流计种类较多,按其工作原理可分为时差式声学海流计、聚焦式声学海流计(ADV)、多普勒式声学海流计。下面分别介绍其测量原理。

1. 时差式声学海流计测量原理

时差式声学海流计(图 4-18)具有两对正交换能器,恰好构成仪器坐标系测量海流在坐标系上的分量,根据坐标系矢量计算方法,测定其流速和流向,也可通过测量仪器坐标系与大地坐标系的夹角,测得大地坐标系下的海流流速和流向。图 4-19 是时差式声学海流计测流原理图,d 为 A、B 换能器间距,θ 为流向与仪器坐标系的夹角。

A、B 换能器同时发射相同声波脉冲,并接收对方的声脉冲信号,V 表示海流速度,c 为声速,t_{AB} 为声波从 A 到 B 的时间,t_{BA} 为声波从 B 到 A 的时间,两者分别为

$$t_{AB} = \frac{d}{c + V\cos\theta}, \quad t_{BA} = \frac{d}{c + V\cos\theta} \tag{4-10}$$

则

$$V\cos\theta = \frac{(t_{BA} - t_{AB}) \times (c^2 - V^2\cos^2\theta)}{2d} \approx \frac{(t_{BA} - t_{AB}) \times c^2}{2d} \tag{4-11}$$

同理,

$$V\sin\theta \approx \frac{(t_{EF} - t_{FE}) \times c^2}{2d} \tag{4-12}$$

因此

$$\theta \approx \tan^{-1}\frac{t_{EF} - t_{FE}}{t_{BA} - t_{AB}} \tag{4-13}$$

声学海流计的关键是精确测量两个换能器之间的声波时间差,精度为纳秒级,通常采用锁相环频率计数法和相位差测量法来精确得到。

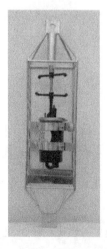

图 4-18 时差式声学海流计

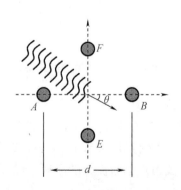

图 4-19 时差式声学海流计原理

2. 聚焦式声学海流计测量原理

聚焦式声学海流计的主要特点是能测量近底海流,是研究海洋近底异重流的重要工具。其原理如图 4-20 所示。

换能器 A 向换能器 B、C、D 发射一个高频短脉冲信号,通过计算 3 个接收信号的多普勒频偏来测定海流的流速和流向。由于该仪器发射的信号频率高、脉冲短,因此可实现近底流的精细剖面测量。此外,声波遥测不会引起海流场的改变。

3. 多普勒式声学海流计测量原理

目前,多普勒式声学海流计(图 4-21)应用较为广泛。4 个高频换能器布放在一个金属圆环上,其自然指向性构成仪器坐标系,工作频率为 2 MHz,脉冲宽度约为 0.5 ms,波束宽度约为 2°。通过测量距离 4 个换能器 0.5~2 m 处水层回波信号的多普勒频率来测定仪器坐标系下的海流流速和流向。

海流计只能对海洋中的某一点位置的海流进行长期连续观察,如果要对从海面到海底所有剖面的海流进行精细测量,则需要将很多海流计悬挂在一个锚定浮标或潜标上同时进行。声学多普勒流速剖面仪(ADCP)采用斜正交布阵结构,用声波对仪器下方几百米范围内的海流剖面进行遥测,为实现海流剖面长期、连续测量和船载走航测量提供了有效途径。目前 ADCP 种类多样,从用途上区分有自容式 ADCP、直读/走航式 ADCP(走航式 ADCP 全部采用相控阵技术)和下放式 ADCP(简称 LADCP)。

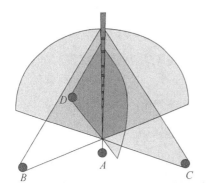

图 4-20 聚焦式声学海流计原理

图 4-21 多普勒式声学海流计

4 个波束与仪器坐标系的 Z 轴夹角为 θ(图 4-22),海流在仪器坐标系上的流速投影分别为 V_x 和 V_y,每个波束测得的某层海水反射信号的多普勒时间宽展分别为 Δt_1、Δt_2、Δt_3 和 Δt_4,则

$$V_x = \frac{\Delta t_1 - \Delta t_3}{4t_0 \sin\theta} c, \quad V_y = \frac{\Delta t_2 - \Delta t_4}{4t_0 \sin\theta} c \quad (4-14)$$

流速与声速 c 和夹角 θ 有关。因此,ADCP 必须能够精确测量各个剖面的海水声速。

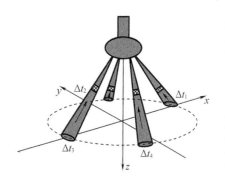

图 4-22 ADCP 的 JANUS 结构波束

根据 Snell 折射定理，

$$\frac{c_1}{\sin A_1} = \frac{c_2}{\sin A_2} = A(常数) \qquad (4-15)$$

则有

$$V_x = \frac{\Delta t_1 - \Delta t_3}{4t_0 \sin \theta} c = \frac{\Delta t_1 - \Delta t_3}{4t_0} c \times A$$

$$V_y = \frac{\Delta t_2 - \Delta t_4}{4t_0 \sin \theta} c = \frac{\Delta t_2 - \Delta t_4}{4t_0} c \times A \qquad (4-16)$$

因此，海洋声速的剖面变化不影响海流的测量精度。

4.2.2.2 海流观测方法

海流观测方法有许多种，根据实际需求可分为浮标漂移测流法、定点测流法和走航测流法三种。

1. 浮标漂移测流法

浮标漂移测流法（图4-23）出现较早，较为传统。早期多利用船体本身及海上漂移物来测流，后来演变为使用各种浮标。浮标漂移测流法是将浮标随海流一起运动，并连续记录浮标的空间-时间位置信息，从而实现海流的流速和流向的测定。准确测定浮标的位置信息是该方法完成流速、流向有效测定的关键因素。利用雷达跟踪定位和航空摄影定位等方法，可提高浮标的位置测量精度。目前，在浮标上加装GPS接收机，通过无线方式传输浮标的位置的。浮标漂移测流法采用中性浮标测量海面以下的深层海流时，首先将中性浮标布放到设定深度的水层，然后用船载的短基线定位声呐对浮标进行定位。如美国Benthos公司生产的中性浮标，其海流测量深度可达6 000 m。

图4-23 浮标漂移测流法示意图

2. 定点测流法

定点测流法（图4-24）目前应用较为普遍，它将海流测量设备安装在锚定的船、浮标、潜标、海上平台或特制的固定架上,实现对海洋中某一位置海流的长期测量。定点测量法须考虑海流及风浪运动对安装载体测量结果的影响。

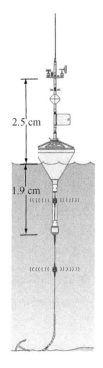

图 4-24 定点测流法示意图

3. 走航测流法

走航测流法是指在船只航行的同时开展海流测量,可同时观测多层海流,效率较高,适用于大面观测。该测流方法的实现和推广得益于 ADCP 的问世和发展,目前一般的综合性海洋调查船都配有 ADCP。ADCP 首先测出不同深度的海水相对于船的运动速度和方向(在浅海可同时测出船相对于海底的运动速度,在深海则用高精度 GPS 解算船的绝对运动速度),然后采用矢量合成得到海水的流速和流向。

4.2.2.3 主要装备

声学海流计有声学矢量平均海流计、声学多普勒海流计、声学多普勒海流剖面仪、声相关海流剖面仪等(图 4-25)。其中声学矢量平均海流计通常有三个换能器,用矢量换能器的三个分量合成得出海流的流速和流向。声学多普勒海流计是利用海水中运动散射体的后向散射声信号的多普勒频移原理来测量流速。声学多普勒海流剖面仪和声相关海流剖面仪可以同时给出某一深度范围内流速和流向的分层分布,例如一次测量可以得到多层海流,其流速和流向是某一厚度层水体运动速度矢量的平均值。

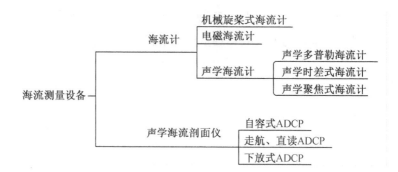

图 4-25 海流测量设备

本章节主要介绍应用最为广泛的 ADCP。

ADCP(图 4-26)是一种用于测量水速的水声学流速计。其原理类似于声呐:基于压电换能器发射和接收声学信号,测量声波的往返时间,将其乘以水中声速即可粗略计算出散射体的距离;测量声波的多普勒效应频移,则能计算出散射体在该声束方向上的速度分量。因此,要测量速度三向量,需要至少三个换能器来产生三个不同方向的声束。而在河流测速中,由于目标数据通常只含两个速度向量(即忽略垂直于河岸的水速),相应地通常仅配备两波束的 ADCP。近年的 ADCP 由于配备更多功能,如测波、湍流测量等,三、四、五甚至九波束的配置也已出现。

ADCP 有两大优势:首先是 ADCP 的遥感属性,即这样一个小型的设备能够测量超过 1 000 m 范围的剖面流速,为科学研究、工程和监测工作带来了极大的便利;此外,ADCP 没有活动部件,因此可抗生物附着。这些特点使得 ADCP 能长期进行洋流观测数据。19 世纪 80 年代中期,已有数千台 ADCP 在世界各大海洋中投入使用,改变了人类对洋流的认识,对洋流的研究和观测有巨大贡献。

ADCP 的劣势是在测量区域的边缘存在盲区,又称旁瓣干扰。旁瓣干扰区域通常占据剖面面积的 6% ~12%。作为水声学设备共有的潜在问题,ADCP 造成的超声波噪声污染可能会干扰鲸目动物的导航和回声定位能力。具体的干扰效果由声波频率和设备的功率决定,但目前大多数 ADCP 的工作频率处在较为安全的区间。

NORTEK-DVL1000-300m NORTEK-DVL1000-400m NORTEK-DVL500-600m NORTEK-DVL500-300m

图 4-26 ADCP 照片

4.2.3 应用案例

本节以南海北部海域海流测量为例,对海流测量进行介绍。

4.2.3.1 调查海域

调查海域主要位于南海北部东沙附近海域。该海域海底地形起伏较大,海深由70 m变化至4 200 m左右,覆盖了大陆架、大陆坡、海槽(台东海槽、吕宋海槽等)、海盆、海脊、海沟(马尼拉海沟)和海底起伏等多种海底地形环境,属于浅海、过渡海区和深海并存的区域。

4.2.3.2 观测方法及调查设备

本次调查采用了LADCP(定点式测量法)和SADCP(走航式测流法)两种海流观测方法。其中,LADCP是指在定点站位,从调查船甲板将测流仪器从水面逐渐下放至深水,在下放过程中获取海流剖面。SADCP是指将海流设备以船载的形式在走航过程中获取海水表层的海流参数。

LADCP采用的是TRDI公司WHS300kHz型ADCP(表4-1),为了获取垂向分辨率更高的流速剖面(图4-27),测流层厚均设置为4 m,层数为40,采样频率为1 Hz;SADCP采用的是TRDI公司WHM300kHz型ADCP(表4-2),仪器设置在船体下方(图4-28),吃水深度为3.2 m,测流层厚为4 m,层数为50,采样频率为2 Hz。

表4-1 TRDI公司WHS300kHz型ADCP技术性能指标

仪器参数	技术指标
量程	154 m
层间设置	1~8 m
长期精准度	0.5% V ± 0.5 cm/s

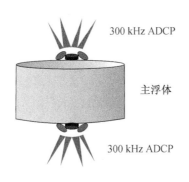

图4-27 LADCP示意图

表 4-2　TRDI 公司 WHM300kHz 型 ADCP 技术性能指标

仪器参数	技术指标
最大测流深度	126~165 m
层间设置	2~4 m
长期精准度	0.2%V ± 0.5 cm/s

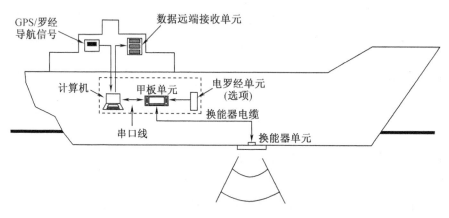

图 4-28　SADCP 工作原理

4.2.3.3　调查过程

1. LADCP

在进行 LADCP 海流观测时,需保持停船作业,下面以 O 站点为例详细介绍:O 站点处水深为 2 680 m,实时海况为 4 级,适宜海流观测作业。按照系统软件提示对仪器完成自检工作后,将仪器固定在仪器架上并系于水文缆车上,下放速度保持在 0.5 m/s。LADCP 下放过程中,缆车出现故障,停止下放,维修完毕后于 10 min 后恢复继续下放。至缆绳下放长度为 1 601 m 时开始回收作业,回收速度与下放速度保持一致。本次海流剖面测量,由于船载绞车限制,仪器在船尾下放(实际测量中应选择表层乱流较弱的调查船侧舷进行),观测到的表层海流受调查船尾流影响。

2. SADCP

在进行 SADCP 海流观测时,要尽可能保证调查船以匀速直线行驶,并保证航速不要超过 ADCP 观测的临界速度,下面以 AB 测线为例详细介绍:AB 测线全长 150 km,测线处海底地形起伏多变(图 4-29)。观测期间,船速保持在 7~8 kn,为保证数据质量,选用短周期平均(STA)进行数据输出,即每 5 min 输出一次测得海流样本的平均值。

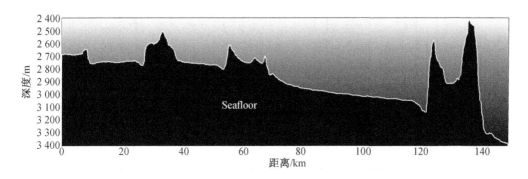

图 4-29 AB 测线处海底地形剖面

4.2.3.4 调查结果

对收集到的 LADCP 海流原始数据,以 O 站点为例,在进行预处理和质量控制后,可绘制得到上打 LADCP(图 4-30)和下打 LADCP(图 4-31)海流示意图。图中 u0 代表水平流速东西分量(单位:cm/s),v0 代表水平流速南北分量(单位:cm/s),umag 代表合成水平流速大小(单位:cm/s),udir 代表合成水平流速方向(单位:(°))。

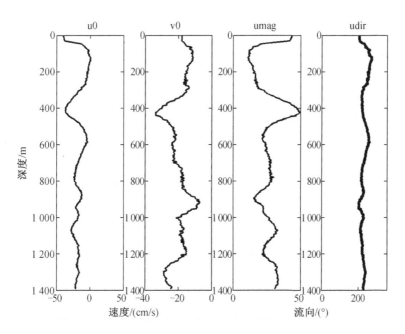

图 4-30 上打 LADCP 海流示意图

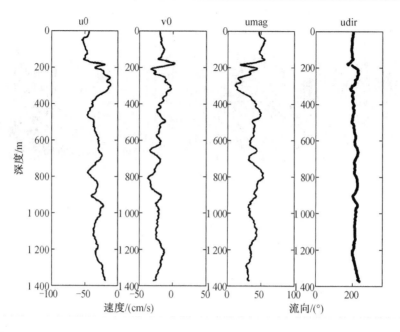

图 4-31　下打 LADCP 海流示意图

以 AB 测线为例,对收集到的 SADCP 海流原始数据进行预处理和质量控制后,可绘制得到 SADCP 海流示意图(图 4-32)。图中 u0 代表水平流速东西分量(单位:cm/s),v0 代表水平流速南北分量(单位:cm/s),w0 代表垂向流速(单位:cm/s)。

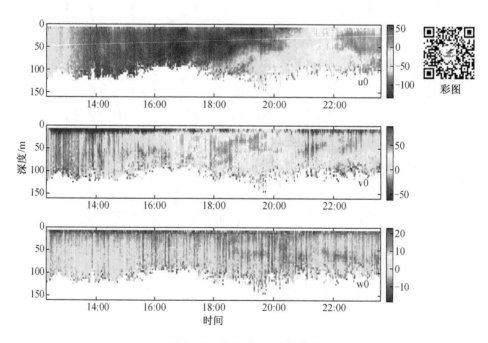

图 4-32　SADCP 海流示意图

4.3 悬浮颗粒测量

4.3.1 概述

4.3.1.1 悬浮颗粒及其测量要素

悬浮物质(suspended particulate matter,SPM)是指悬浮于水体中的悬浮颗粒(suspended particles),主要由碎屑沉积物与生源物质组成。悬浮颗粒广泛分布于河流、湖泊和海洋水体中。在海洋环境中,悬浮颗粒或是长期悬浮,随海流漂移,参与生物化学循环;或是经短期悬浮、搬运后,沉降于海底,堆积形成海底沉积物;此外,海底沉积物在急流等因素扰动下,也可以发生再悬浮,重新形成悬浮颗粒(图4-33)。

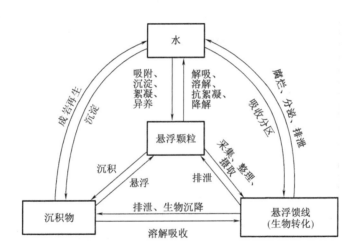

图4-33 悬浮颗粒循环概念模式图[9]

海洋悬浮颗粒是河流、港湾输沙过程的主要信息载体,是海底沉积物堆积以前的中间媒介,加上自身或通过颗粒吸附,携带了大量海洋生物生长所必需的营养元素,因此悬浮颗粒的时空分布特征对港口航道维护、海洋生态环境监测和相关领域的基础科学研究都具有十分重要应用价值。目前,海洋悬浮颗粒测量已经成为海洋生态监测、大型海洋环境综合调查的基本内容之一。悬浮颗粒测量要素主要包括悬浮颗粒的浓度、粒度和物质组分。本章主要介绍悬浮颗粒浓度与粒度两种参数的声学测量技术。

悬浮颗粒浓度用于描述水体中悬浮颗粒分布的密集程度,主要包括两种表述方式:一种是悬浮颗粒体积浓度(volume concentration,VC,单位:μL/L),指单位体积水体中所有悬浮颗粒的体积之和;另一种是悬浮颗粒质量浓度(mass concentration,MC,单位:mg/L),指单位质量水体中所有悬浮颗粒的质量之和。悬浮颗粒浓度在不同环境或不同时空位置,存在很大的差别(图4-34)。

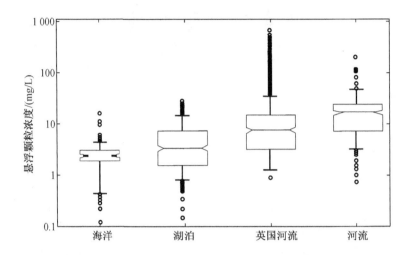

图4-34 不同背景下水体中的悬浮颗粒浓度分布范围[10]

粒度是衡量悬浮颗粒大小的参数,海洋悬浮颗粒的粒径一般大于0.45 μm。悬浮颗粒粒度测量旨在查明水体中悬浮颗粒的平均粒径或者不同粒径颗粒的统计学分布特征,即悬浮颗粒粒度结构测量。悬浮颗粒的粒度特征与搬运方式、水动力情况和搬运距离有关,因此悬浮颗粒粒度结构分析可以用于沉积动力学研究,这也是悬浮颗粒粒度测量的主要目的之一。

4.3.1.2 悬浮颗粒测量技术

传统的悬浮颗粒测量技术大概分为以下三种。

1. 水样过滤测量

在定点站位,利用采水器与温盐深测量仪(CTD)绑扎组合下放,采取不同水层的水样。将采取的水样带回实验室,进行过滤、烘干和称重处理,得到单位体积海水中悬浮颗粒的质量,即悬浮颗粒质量浓度(图4-35)。对不同水层的水样处理后,可得到定点站位的悬浮颗粒质量浓度剖面,特定测线上多个站点的悬浮颗粒浓度剖面经过内插处理,便可得到沿测线展布的悬浮颗粒质量浓度断面图。

该方法的优点在于直接测量质量,得到的数据精度较高。但该方法依赖于现场取样,调查成本高,效率较低,不适合对大范围区域的悬浮颗粒浓度进行测量。此外,采水仪器在下放和回收过程中,会对水体造成干扰,导致测量的结果与实际情况出现偏差。

2. 激光测量

悬浮颗粒激光测量技术主要是利用激光投射或散射原理,实现对水体悬浮颗粒浓度和粒度的测量,包括投射测量和散射测量(图4-36)。投射测量的基本原理为:光透过海水后,由于海水以及悬浮颗粒导致透射光强度减弱,并与悬浮颗粒体积浓度有一定的函数关系,基于该函数关系就可以计算得出悬浮颗粒的体积浓度。散射测量是利用激光在悬浮颗粒间散射,通过建立发射光强度与接收的散射光强度之间的函数关系,反演出海水的悬浮颗粒浓度。

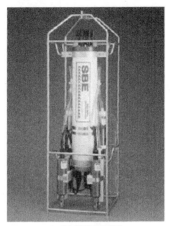
(a)温盐深测量仪

(b)采水器与CTD绑扎组合图

(c)水样过滤器

(d)电子称重天平

图 4-35　水样过滤测量所用的仪器设备[13]

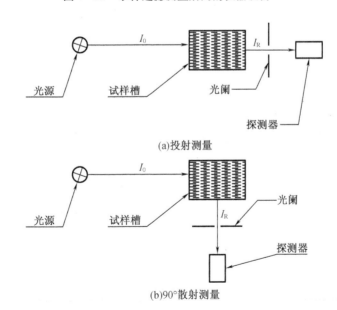

(a)投射测量

(b)90°散射测量

图 4-36　悬浮颗粒激光测量方法原理模式图[14]

该方法的优势在于能够实现对海水悬浮颗粒浓度和粒度的原位测量,相比水样实验测量,更加高效且容易操作。但激光在水下穿透能力有限,需要现场观测,不能实现非干扰式遥测。

3. 声学测量

悬浮颗粒声学测量(图4-37)是利用悬浮颗粒的声学反向散射回波来反演悬浮颗粒浓度和粒度等信息。基本测量过程为:声学换能器发射声脉冲信号,遇到水体中的悬浮颗粒,声波信号发生散射,后向散射信号被换能器接收;通过预先设定的时间窗口记录悬浮颗粒后散射回波幅度,建立回波强度与悬浮颗粒浓度以及粒度之间的函数关系,进而得到悬浮颗粒相关参数。

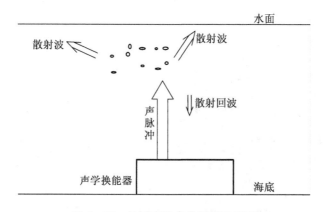

图4-37 悬浮颗粒声学测量示意图

声学信号可在水下长距离传输,因此声学方法可以实现对水体悬浮颗粒的非干扰式遥测。

下面将对悬浮颗粒声学测量技术的基本原理、观测方法及相关装备进行详细介绍。

4.3.2 原理、方法与装备

4.3.2.1 基本原理

悬浮颗粒测量技术利用发射换能器发射短脉冲信号照射水体,水体内的悬浮颗粒散射声能,水听器沿入射相反的方向收集回波信号。由于回波信号包含了水体中散射体的物理特征与时空信息,因此可对回波信号进行分析,同时对不同的散射体的物理特征进行反演[15]。针对上述测量系统,为保证测量结果的精准度,重点考虑声信号在水体传播的衰减特性和散射体的反向散射特性。

1. 水体的声衰减特性

水体介质是一种不均匀的非理想介质,由于介质本身的吸收、不均匀散射以及传播过程中波阵面的拓展等原因,声信号在传播的过程中会产生不同程度的衰减。在水声学原理

中用传播损失 TL 来定量描述这种衰减变化。传播损失 TL 的定义如下:

$$TL = 10\lg\left(\frac{I_1}{I_r}\right) \qquad (4-17)$$

式中,I_1 是离声源等效声中心 1 m 处的声强度;I_r 是距离声源 r 处的声强度。而且根据上式的定义,传播损失 TL 值总为正值。根据能量衰减方式,可以将传播损失分为由于波阵面扩张引起声强衰减的几何衰减 TL_1(geom) 和由于介质吸收、散射等将声波的机械能转变成其他形式的能量引起声强衰减的物理衰减 TL_2(losses)。

因此根据上述可知,传播损失 TL 应由几何损失和物理损失两部分组成,即

$$TL = 几何损失\ TL_1 + 物理损失\ TL_2 \qquad (4-18)$$

(1) 几何衰减

根据水声学原理,波阵面的不同也会引起声传播的扩展损失不同。一般来说,可以把扩展引起的传播损失 TL_1 写成

$$TL_1 = n \cdot 10\lg r \quad (\text{dB}) \qquad (4-19)$$

式中,r 是传播距离;n 是常数,依据传播条件取值。

$n = 0$:适用于平面波传播,无扩展损失,$TL_1 = 0$。

$n = 1$:适用于柱面波传播,波阵面按圆柱侧面扩大,$TL_1 = 10\lg r$。

$n = 1.5$:适用于柱面波传播界面的吸收计算,$TL_1 = 15\lg r$。

$n = 2$:适用于球面波传播,波阵面按球面扩大,$TL_1 = 20\lg r$。

(2) 物理衰减

在未知水体中,不仅要考虑纯净海水中的衰减系数 α_w,而且还要考虑由悬浮颗粒表面的速度剪切层导致的黏滞衰减 α_v 和悬浮颗粒的散射造成的能量衰减 α_s,即

$$\alpha = \alpha_w + \alpha_v + \alpha_s \qquad (4-20)$$

纯净海水中声波吸收衰减效应主要与热传导、介质黏滞和部分盐类的弛豫效应有关。Schulkin 和 Marsh 通过大量的测量试验,总结出下述半经验公式[16]:

$$\alpha_w = A\frac{Sf_rf^2}{f_r^2 + f^2} + B\frac{f^2}{f_r} \quad (\text{dB/km}) \qquad (4-21)$$

式中,$A = 2.03 \times 10^{-2}$;$B = 2.94 \times 10^{-2}$;S 为盐度,‰;f 为声波频率,kHz;f_r 为弛豫频率,kHz,与温度有关,其关系为

$$f_r = 21.9 \times 10^{6 - \frac{1520}{T+273}} \qquad (4-22)$$

式中,T 为绝对温度,K。

悬浮颗粒的散射特性的理论模型通常以材质均匀的球体为基础,但是在实际的水体中,悬浮颗粒通常表现为不规则形状的非球状,所以很难构建一个理想模型来分析悬浮颗粒的散射特性。因此简化模型,即假定研究水体内的悬浮颗粒为粒径统一、质地均匀的球体,利用归一化散射截面积 χ_s 来描述实际水体的悬浮颗粒散射特性。χ_s 与 α_s 的关系如下:

$$\chi_s = \frac{4\langle a_s \rangle \alpha_s}{3\varepsilon} \Rightarrow \alpha_s = \frac{3\varepsilon\chi_s}{4\langle a_s \rangle} \qquad (4-23)$$

式中,ε 为悬浮颗粒体积分数,与悬浮颗粒浓度 ssc 关系为 $\varepsilon = \dfrac{ssc}{\rho_s}$($\rho_s$ 为悬浮颗粒密度, kg/m^3);$\langle a_s \rangle$ 为悬浮颗粒平均粒径,m。

归一化散射截面积 χ_s 经验公式如下:

$$\chi_s = \dfrac{1.1(4/3)kx^4}{1 + 1.3x^2 + (4/3)Kx^4} \qquad (4-24)$$

式中,$K = (\gamma_k^2 + \gamma_\rho^2/3)/6$($\gamma_k$ 为水体与悬浮颗粒的压缩性比,γ_ρ 为水体与悬浮颗粒密度比)。悬浮颗粒一般有 $\gamma_k = -0.93, \gamma_\rho = 0.77, K \approx 0.177$;$x = k\langle a_s \rangle$;$k$ 为声波波数。上述两个公式简化后可得到散射衰减系数:

$$\alpha_s = 10\lg e^2 * \left\{ \dfrac{1.1K\varepsilon x^4}{\langle a_s \rangle [1 + 1.3x^2 + (4/3)Kx^4]} \right\} \qquad (4-25)$$

式中,$10\lg e^2$ 是将奈贝数(Neper/m)转换为分贝数(dB/m)。

Richard 等人在 1996 年提出悬浮颗粒导致的黏滞衰减系数的计算公式[17],在上述简化模型前提下,α_v 的具体形式如下:

$$\alpha_v = 10\lg e^2 \times \varepsilon \chi_v$$

$$\chi_v = \dfrac{k(\sigma - 1)^2}{2} \left[\dfrac{s}{s^2 + (\sigma + \delta)^2} \right] \qquad (4-26)$$

式中,$\delta = (1 + 9/2\beta\langle a_s \rangle)/2$;$s = (1 + 1/\beta\langle a_s \rangle) \times 9/4\beta\langle a_s \rangle$($\beta = \sqrt{\dfrac{\omega}{2\vartheta}}$,$\rho_s$ 和 ρ_o 分别是悬浮颗粒和水体的密度,kg/m^3,ϑ 为水体的运动黏度,m^2/s);$\sigma = \rho_s/\rho_o$;ω 为发射信号的角频率,rad/s。

2. 悬浮颗粒反向散射特性

有效声学截面积 σ_e 和散射形式函数 F 通常作为描述悬浮颗粒反向散射特性的参数。σ_e 含义是从声强度角度来分析悬浮颗粒的目标强度;F 是从声压角度来分析悬浮颗粒的接受声压。

(1)有效截面积

在水声学中,目标强度有如下定义[18]:

$$TS = 10\lg(I_1/I_0) \qquad (4-27)$$

式中,I_0、I_1 分别为距离目标 1 m 处的入射波强度和散射波强度。

Kinsler 等人在 1999 年发表的声学基础中对有效声学截面积 σ 有如下定义:

$$\sigma = \dfrac{\prod}{I_0} \qquad (4-28)$$

式中,$\prod = 4\pi I_1$,为目标散射功率。将上述两式联立得

$$TS = 10\lg\left(\dfrac{\sigma}{4\pi}\right) \qquad (4-29)$$

于是可以通过分析目标的有效声学截面积来推导得到目标的目标强度,下面就基于实

际来讨论悬浮颗粒的有效声学截面积建模问题。

在瑞利散射理论下,一般地将单个悬浮颗粒看作可移动的刚性小球,当此时环境为海洋环境时,可以推导出单个悬浮颗粒在海洋环境下的有效声学散射截面积 σ_s 公式[15]:

$$\sigma_s = 4\pi \frac{I_1}{I_0} = \frac{4\pi k^4 a_s^6}{9} \left(\frac{\frac{5\rho'}{\rho}-2}{\frac{2\rho'}{\rho}+1} - \frac{\kappa'}{\kappa} \right)^2 \quad (4-30)$$

式中,$\frac{\rho'}{\rho}$、$\frac{\kappa'}{\kappa}$ 分别为悬浮颗粒与海水的压缩性比和密度比;k 为波数。从上式得,若为确定材质的悬浮颗粒,此时有效声学散射截面积正比于发射声波的波数的 4 次方,悬浮颗粒粒径的 6 次方。

对于包含多个悬浮颗粒的水体,其有效声学散射截面积可以看作所有单个悬浮颗粒的组合,即 $\sigma = N\sigma_s$。

(2) 散射形式函数

散射形式函数 F 是一个与散射声压相关的无量纲参数,对于球状悬浮颗粒的散射形式函数,Thorne 等人对其有了如下的定义[19]:

$$F = \frac{2rP_r}{\alpha_s P_0} \quad (4-31)$$

式中,P_r 为距离悬浮颗粒 r 处接收到的反向散射声压。因此只需将刚性球的反向散射声压的解析表达式直接代入上式,就可得到形式函数具体表达式。

4.3.2.2 测量方法与装备

对水体中的悬浮颗粒浓度的声学测量大致可以使用两种仪器,分别是声学后散射悬沙测量仪(ABS)、ADCP。ADCP 最初的设计是利用回波的多普勒信息来测量水体流速,但是回波信息中包含了目标反向散射强度,这就意味着利用 ADCP 测量悬浮颗粒浓度的方式变成了可能,并且在 1999 年 Holdaway 等人对 ADCP 方式的可行性做了检验,验证了 ADCP 测量悬浮颗粒浓度的合理性,如今应用 ADCP 已经成了物理海洋学研究的重要方式。下面对 ADCP 测量悬浮颗粒浓度计算方法进行简单介绍。

平均体积后散射强度 S_V 定义为单位水体积内散射体的总的后散射截面,即

$$S_V = 10\lg \sigma \quad (4-32)$$

式中,σ 为声学有效截面积,在此称为总后散射界面,可以写为所有单悬浮颗粒的组合,$\sigma = N\sigma_s$。同时,N 可以写成质量浓度,也就是悬浮颗粒浓度 C 的函数:

$$N = \frac{C}{\rho_s g \frac{4}{3}\pi a_s^3} \quad (4-33)$$

式中,g 为重力加速度。从上式中能够得出后散射强度依赖于悬浮颗粒的粒径和密度。于是假设在现场观测期间水体特性不发生太大的变化,并令

$$H = 10\lg \frac{\sigma}{\rho_s g \frac{4}{3}\pi\alpha_s^3} \tag{4-34}$$

则平均体积后散射强度 S_V 可以简化为 $S_V = H + 10\lg C$,H 为常数。上式表明后散射强度与悬浮颗粒的浓度之间满足指数关系。

但是 ADCP 不能测量得到平均体积后散射强度 S_V,我们可以根据 ADCP 记录的回声强度 E 推导得到:

$$E = SL + S_V + C_0 - 20\lg R - 2\alpha R \tag{4-35}$$

式中,SL 为声源强度;α 为水体的吸收衰减系数;R 为探头沿探测方向到水层的距离;C_0 为常数。

在早期的 ADCP 测量中不能确定声源强度 SL,随着如今技术的发展,平均体积后散射强度 S_V 可以表达为

$$S_V = C_1 + 10\lg[(T_x + 273.16)R^2] - 10\lg \lambda - 10\lg P + 2\alpha R + K_c(E - E_r) \tag{4-36}$$

式中,C_1 为与 ADCP 性能有关的常数;T_x 为探头测量的水温;λ 为发射脉冲长度;P 为发射功率;K_c 为系数;E 为回声强度;E_r 为实时的背景噪声强度。

因此,根据上述推导过程,悬浮颗粒浓度 C 可以表示为

$$10\lg C = C_1 - H + 10\lg[(T_x + 273.16)R^2] - 10\lg \lambda - 10\lg P + 2\alpha R + K_c(E - E_r)$$

$$\tag{4-37}$$

式中,C_1、H、T_x、R、λ、P、K_c、E、E_r 等参数可由 ADCP 自身性能参数、原位定点观测资料直接测得或转化后获得,最终计算可得到悬浮颗粒浓度。

4.3.3 声学应用案例

悬浮颗粒测量声学应用案例以 Gartner 在 2004 年开展的旧金山湾悬浮颗粒测量研究为例进行介绍[20]。

4.3.3.1 测量方法

旧金山湾悬浮颗粒测量案例主要参考 Gartner 的研究结果,利用两台 ADCP 观测数据,经过悬浮颗粒测量反演技术得到了旧金山湾的悬浮颗粒浓度等参数。与本研究相关的设备主要包括 1 台 1 200 kHz 的 ADCP、1 台 2 400 kHz 的 ADCP、光学后向散射传感器(OBS)、4 个温盐深(CTD)数据记录仪和一个激光原位散射与透视测量仪(LISST-100)。ADCP 记录不同水层悬浮颗粒回波时间以及后散射回波强度;CTD 用于记录温盐深剖面;OBS 与 LISST-100 主要用于现场测量悬浮颗粒粒度、浓度等参数。

测量设备先后部署在圣马特奥大桥南部(水深 17.1 m)以及邓巴顿大桥南部(水深 7.3 m),分别记为站位 SMB 和站位 DB。ADCP 呈向下排列,1 200 kHz ADCP 的 bin 1 位于湾底以上 128 cm 处,2 400 kHz ADCP 的 bin 1 位于湾底以上 149 cm 处,大部分测量剖面落在传感器的近场范围内(图 4-38)。数据测量过程中,这两种 ADCP 都设定为每 15 min 进

行一次数据采集,每次采样激发 175 次声学脉冲信号。对于 1 200 kHz 的设备,水体分层层厚为 25 cm,每次采样时间约为 18 s;对于 2 400 kHz 的设备,水体分层层厚为 10 cm,每次采集测量时间约为 16 s。

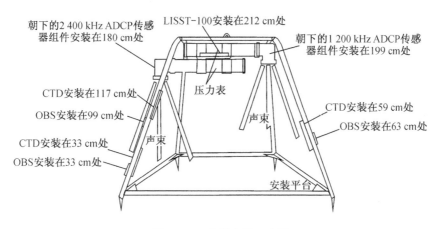

图 4-38 仪器布置示意图

4.3.3.2 测量数据

测量数据主要包括潮位、潮流、悬浮颗粒平均粒径、温度、盐度等参数(图 4-39)。结果显示,测量期间两个站位的潮汐潮差约为 250 cm,潮流情况相似,最大瞬时速度为 50~60 cm/s;LISST-100 得到测量期间悬浮颗粒平均粒径的变化情况,用于悬浮颗粒浓度光学与声学反演校正;温度和盐度随压力测量结果可用于对声速和声衰减进行修正。

4.3.3.3 反演计算

由上节可知,利用 ADCP 测量的后向散射强度可反演计算悬浮颗粒浓度,计算公式为式(4-37),如下:

$$10\lg C = C_1 - H + 10\lg[(T_x + 273.16)R^2] - 10\lg \lambda - 10\lg P + 2\alpha R + K_c(E - E_r)$$

式中,C_1 为与 ADCP 性能有关的常数;H 为与悬浮颗粒密度相关的常数,可由公式(4-34)确定;T_x 为探头测量的水温,可由 CTD 测得;λ 为发射脉冲长度;P 为发射功率;K_c 为系数;E 为回声强度,可由 ADCP 型号以及工作性能确定;E_r 为实时的背景噪声强度,本研究中未考虑,可直接消除。此外,为了计算简化,本研究中水体浓度变化产生的声传播损失差异也不做考虑。由此可以计算得到测量水体不同水层的悬浮颗粒浓度值(图 4-40 和图 4-41)。

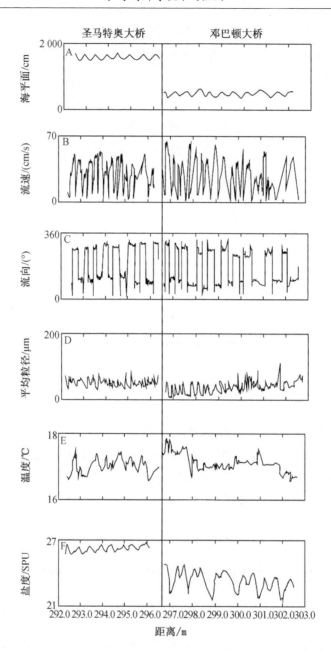

图 4-39　潮位、潮流、平均粒径、温度、盐度等直接观测数据(从 1998 年 1 月 1 日起)[20]

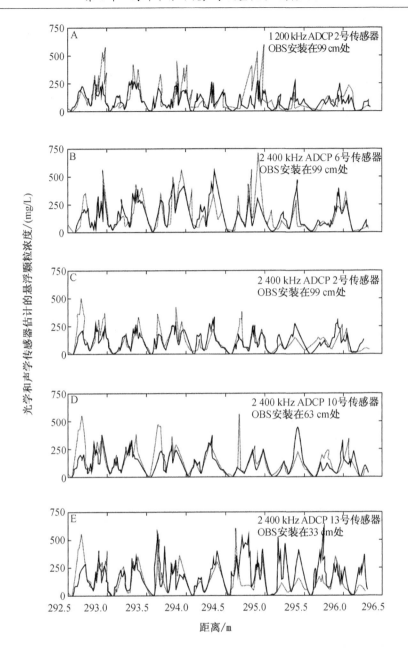

图 4-40 反演计算的站位 SMB 不同水层的悬浮颗粒浓度值(从 1998 年 1 月 1 日起)[20]

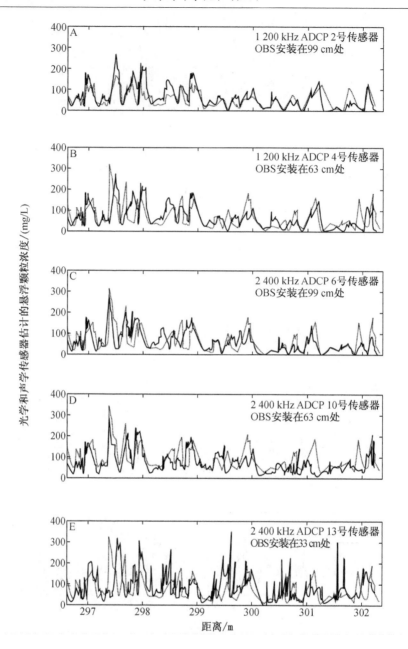

图4-41 反演计算的站位 DB 不同水层的悬浮颗粒浓度值（从1998年1月1日起）[20]

4.4 海洋声层析成像

4.4.1 概述

1979 年美国科学家 Munk 和 Wunsch 提出了一个具有革命开创性的理论——海洋声层析的概念(ocean acoustic tomography,OAT),即利用声学方法在大范围海域测量海洋动力特性的一种遥感技术[21]。该技术弥补了经典物理海洋学和卫星遥感技术在测量海洋内部中尺度和亚中尺度动力学现象的缺陷[21-24]。

声层析是通过发射、接收两点间声信号的互易传播时间,反演获取海域的平均声速、平均温度。两点之间声信号的互易传播时间差可反映两点之间的海水流速。经大量数据相互融合,即可获得目标海域的温度场和流速场。其测量要素为:利用不同观测方式来确定将要观测的目标水体的位置、范围、旋向、移动轨迹和移动方向等,然后进一步测量目标水体(大、中尺度现象等)内部的温度、盐度和流速。

海洋声层析技术以反演海水温度、盐度和流速为基础,已经应用到对多种海洋中尺度现象的观测,包括中尺度涡、对流、涡度、潮、内波、海洋锋面和厄尔尼诺现象等。

4.4.2 原理、方法与装备

4.4.2.1 原理与方法

声波在海洋中的传播特征受海洋环境的显著影响,通过测量布设站点的声传播参数(传播时间、声信号相位、声信号频率、声信号强度以及声线和简正波到达结构等),反演获取观测海域的环境参数。目前,主要海洋声层析方法为:声线传播时间层析、简正波传播时间层析、峰值匹配层析、简正波相位层析、简正波水平折射层析、匹配场层析等。

本小节主要以声线传播时间层析为例,介绍海洋声层析的基本原理。声线从声源沿不同路径到达接收器,每条声线传播时间 τ_i 与声速 c 的关系为

$$\tau_i = \int_{\Gamma_i} \frac{\mathrm{d}s}{\mathrm{d}c} \quad i = 1,2,\cdots,N \tag{4-38}$$

其中,Γ_i 是第 i 条声线路径;N 为可接收、可分辨的声线数量。声脉冲发射时,不同声线在垂直方向对海洋剖面进行采样。此处假设时间平均声速仅为深度 z 的函数,声速脉动为 $\delta c(\vec{x},z,t)$,声速场可表示为

$$c(\vec{x},z,t) = \bar{c}(z) + \delta c(\vec{x},z,t) \tag{4-39}$$

其中,$\vec{x}$ 为水平矢量。若考虑海洋流场影响,式(4-38)可修改为

$$\tau_i = \int_{\Gamma_i} \frac{\mathrm{d}s}{c + \vec{u}\cdot\vec{n}} \approx \int_{\Gamma_i} \frac{\mathrm{d}s}{c} - \int_{\Gamma_i} \frac{\delta_c}{c^2}\mathrm{d}s - \int_{\Gamma_i} \frac{\vec{u}\cdot\vec{n}}{c^2}\mathrm{d}s = \bar{\tau}_i + \delta\tau_i^c + \delta\tau_i^u = \bar{\tau}_i + \delta\tau_i$$

$$i = 1, 2, \cdots, N \quad (4-40)$$

其中,$\vec{n}$ 为声切线单位矢量。声传播层析的基本原理为由测量时间 $\tau = \{\tau_i\}$ 反演声速场 $\delta_c(\vec{x}, z, t)$ 和流速场 $u(\vec{x}, z, t)$。站点 A 与 B 为双向传输,从 A 到 B 的声传播时间扰动记为 $\delta\tau_i^+ = \delta\tau_i^c + \delta\tau_i^u$,从 B 到 A 的声传播时间扰动为 $\delta\tau_i^- = \delta\tau_i^c - \delta\tau_i^u$。如此可将声速扰动场 δc 和沿声线方向的流速分量 $\vec{u} \cdot \vec{n}$ 分离。

$$\delta\tau_i^+ + \delta\tau_i^- = 2\delta\tau_i^c = -\frac{2}{\bar{c}^2}\int_{\Gamma_i} \delta c \, ds = G_i(\delta c) \quad (4-41a)$$

$$\delta\tau_i^+ - \delta\tau_i^- = 2\delta\tau_i^u = -\frac{2}{\bar{c}^2}\int_{\Gamma_i} \vec{u} \cdot \vec{n} \, ds = G(\vec{u} \cdot \vec{n}) \quad (4-41b)$$

其中,$G_i = -\frac{2}{\bar{c}^2}\int_{\Gamma_i} ds$,为积分变换核。模式方程 (4-41) 为数据场 $\delta\tau_i$ 和声速脉动与流速的关系。G_i 函数的构建需明确参考声速场,同时声线到达的识别度和声线路径的稳定性是该方法能否成功应用的关键。

虽然通过反演式 (4-41a) 可以推断声速分布,然而海洋学家们更关心温盐场(密度场)。首先,对于给定深度,声速 c 几乎与温度呈线性关系,较少依赖于盐度。其次,海洋中的水团一般存在较确定的温-盐关系,这样通过海洋声层析观测,密度参数可以被推断出来。反演求解式 (4-41b) 可以获得沿声线方向的流速。在特别情况下,如果海洋声层析观测是沿着封闭曲线进行的,则式 (4-41b) 成为环流沿着封闭曲线的积分,根据 Stocks 定理,它等于封闭曲线所包围面积上的旋度积分,这意味着从式 (4-41a) 和式 (4-41b) 可以测量平均涡度。处于旋转层化状态下的海洋流体近似满足位势涡度守恒,然而长期以来,对大尺度涡度的直接测量是个很大挑战。最后,根据连续方程和螺旋动力约束关系,可以应用海洋声层析观测来推断上升流流速。海洋声层析观测可以推断声速 c(温度 T)和流速 u,且具有良好的积分属性(模式方程 (4-4)),由此也可以根据海洋声层析的观测结果来推断平均的热通量。

4.4.2.2 观测装备

1. OAT

OAT 即海洋声层析仪(ocean acoustic tomography),最先应用于海洋中尺度现象的观测(图 4-42)。1981 年,多家海洋研究机构在墨西哥湾对 OAT 进行了首次实验。观测面积为 9 万 km^2,实验区内利用锚系浮标共布置 4 个声源和 5 个接收器,并测得了中尺度现象的声速场、流场的变化过程。2012 年以后,被动声层析方法逐渐成熟,其原理为利用环境噪声作为声信号,完成声层析实验。被动声层析方法可避免 OAT 中声波的高功率能量耗散,该方法为 OAT 观测技术的发展开辟了新领域[25]。

OAT 观测方法众多,从最初的双向声传播观测、多站位分布观测、移动声层析到被动声层析,经过大量的实验研究和技术改进,OAT 已日趋成熟,成为重要的海洋观测手段。

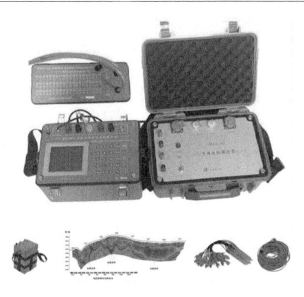

图 4-42　海洋声层析仪

2. CAT

1993 年，日本广岛大学首次提出沿海声层析系统（coastal acoustic tomography, CAT）的研究开发，研发了第一套双向声传播系统（图 4-43），并在日本濑户内海进行了双向声传播测流实验[26]。通过观测双向传播时间差测得站位之间平均流速，观测结果与走航式声学多普勒流速剖面仪观测的流速基本一致，说明利用双向声传播的方法在航运交通繁忙的海区进行流速观测是可行的。

图 4-43　沿海声层析仪

3. EAT

厦门大学在理论研究的基础上，研发了应用于海口海岸区域的高频声层析设备（estuary acoustic tomography, EAT）（图 4-44），为河口海岸区域的温度、流速和流量监测提供了有价值的声学方法[27]。此外，中国海洋大学也在进行与声层析有关的仪器研发、算法设计以及观测方法等方面的研究。目前，我国在 EAT 实验观测方面积累了大量的经验，EAT 的发展在我国已经取得一个良好的开端[28]。

图 4-44 高频声层析仪

4.4.3 声学应用案例

为进一步阐述声学层析成像的方法原理,本章节引用了山东半岛南部胶州湾基于 ADCP 的声学层析案例,详细介绍了通过声学层析方法获取海水温-盐曲线的过程[29]。

4.4.3.1 工区概况

胶州湾位于山东半岛以南,黄海以西,为半封闭海湾,因湾口附近海岸线与海底地形结构较为复杂,以潮流为主的复杂涡流场结构较为发育。

4.4.3.2 测量情况

2010 年 7 月,某单位在胶州湾开展了浅海声层析实验(图 4-45),共布设 C1~C7 七个站位、M0~M3 四个船载锚定式 ADCP 测流仪(定点流速测量),沿 C2C7、C5C3 和 M0C2 断面,采用船载 ADCP 开展流速测量。在七个声层析站位水下 3 m 处安装收发合置水声换能器,其发射周期为 3 min,发射频率为 5 000 Hz,信号类型为伪随机序列。

据数据结果分析,在 C1、C2 和 C3 站点声信号质量较高,可用于断面流速反演。受其复杂海底地形等因素影响,其余四个声层析站位接收信号质量欠佳。因 C1C2、C1C3 和 C2C3 三个断面位于胶州湾内湾口,可通过声学数据反演获得湾口位置的流速结构变化。

实验期间,将一海底锚定温深仪同步布设于 C7 站位,图 4-46 为实验期间测定的水位变化情况,声层析实验持续时间为一个半日潮。湾口位置处,涨潮与落潮时长有所差别,前者短于后者。测点处水位落差约为 3 m。

4.4.3.3 资料分析

图 4-47 为湾口位置温盐垂直剖面变化图(站位 C1、C3 连线中间位置附近)。水深 15 m 以下水温、盐度几乎不变;水深 15 m 以上水温随深度增加而减小,其主要影响因素为夏季昼间日照,受湾北部河流汇入淡水影响,盐度随深度增加而增大。在湾口附近由于潮流流速迅猛且发育多个涡旋,导致该位置海水混合严重,其温盐横向分布差异较小。本征声线路径可通过射线声传播模型进行数值模拟获取(图 4-48),C1、C2 间存在三条本征射线,可用于声信号的多途峰值及其到达时间分析。

第4章 海洋水体环境声学测量技术及其应用

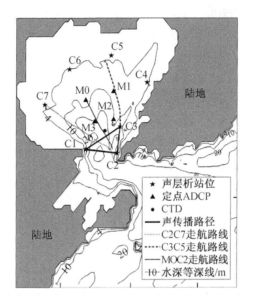

图 4-45 测量站点

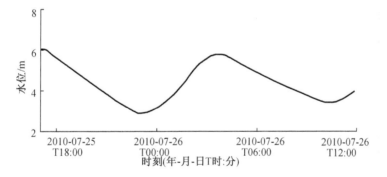

图 4-46 测量时段内水位变化

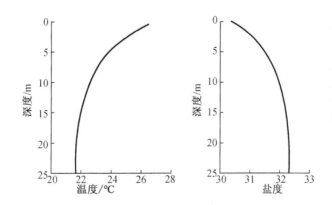

图 4-47 基于声层析得到的温-盐曲线

图 4-49 为定点 ADCP 流速数据的经验正交(EOF)分解结果,第一阶 EOF 代表正压流分量,可用来表示流速深度平均值,第二、三阶 EOF 代表斜压流分量,可用来表示流速随深度的变化规律。根据胶州湾潮流场结构分布及流速观测数据,EOF 模态可由其邻近定点 ADCP 数据分析结果获取,其可用于声层析断面流速反演。其中 C1C3、C2C3 断面采用 M2、M3 站位数据分析结果,C1C2 断面则采用 2010 年在 C1 站位附近获取的分析结果。

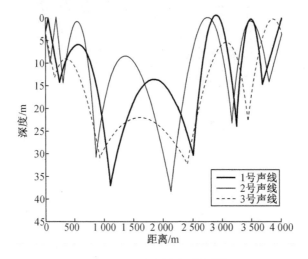

图 4-48 本征声线路径[29]

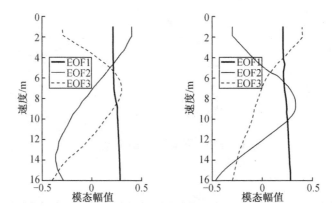

图 4-49 定点 ADCP 流速数据 EOF 分解[29]

参 考 文 献

[1] 吕富良,孙青,刘晓飞,等. 潮位观测基准面设定技术[J]. 海洋开发与管理,2015(5): 46-49.

[2] 王祎,李彦,高艳波. 我国业务化海洋观测仪器发展探讨:浅析中美海洋站仪器的差

异、趋势及对策[J]. 海洋学研究, 2016, 34(3): 69-75.

[3] 臧建飞, 范士杰, 易昌华, 等. 实时精密单点定位的远海实时 GPS 潮汐观测[J]. 测绘科学, 2017, 42(6): 155-160.

[4] ZHANG Y, LI S. Research and design of ultrasonic open channel flowmeter based on AT89S52[C]//Intelligent Systems and Applications (ISA), 2010 2nd International Workshop on IEEE, 2010: 1-4.

[5] SASA K, MIZUI S. A Study of the Acurracy of On-Air Acousitc Tide Gauges in Seas with Large Tidal Amplitudes[C]. Proceedings of the Seventeenth (2007) International Offshore and Polar Engineering Conference, 2007: 2398-2404.

[6] FIRING E, GORDON R L. Deep Ocean Acoustic Doppler Current Profiler[C]. Proc IEEE Fourth Working Conf. on Current Measurements, Clitons; Current Measurement Technology Committee of the Qceanic Enginerring Society, 1990: 192-201.

[7] FISCHER J, VISBECK M. Deep velocity profiling with self-contained ADCPs[J]. Journal of Atmospheric and Ocean Technology, 1993, 10(10): 764-773.

[8] 邹源盛. 走航式 ADCP 在水文站中的应用[J]. 城市建设理论研究(电子版), 2012 (31): 1-5.

[9] TURNER A, MILLWARD G E. Suspended particles: Their role in estuarine biogeochemical cycles[J]. Estuarine Coastal and Shelf Science, 2002, 55(6): 857-883.

[10] HÅKANSON L. Suspended particulate matter in lakes, rivers, and marine systems[M]. Caldwell: Blackburn Press, 2006: 17-18.

[11] 杨克红, 初凤友, 杨海丽, 等. 海南岛东西陆架秋季悬浮颗粒分布特征对比[J]. 海洋地质前沿, 2006, 22(8): 12-15.

[12] 张凯南, 王珍岩, 王保铎. 2012 年春季南海南部不同水团上层海水中悬浮颗粒分布特征及其物源分析[J]. 海洋科学, 2014, 38(3): 26-36.

[13] 尹孟山. 夏季东海陆架区悬浮颗粒分布特征及其影响因素分析[D]. 青岛: 中国科学院海洋研究所, 2015.

[14] 张志伟. 激光浊度仪的研究与设计[D]. 大庆: 东北石油大学, 2010.

[15] 施刘远. 水体悬浮颗粒声学测量技术研究[D]. 杭州: 浙江大学, 2015.

[16] SCHULKIN M, MARSH H W. Sound absorption in sea water[J]. Acoustical Society of America Journal, 1962, 34(6): 864-865.

[17] RICHARDS S D, HEATHERSHAW A D, THORNE P D. The effect of suspended particulate matter on sound attenuation in seawater[J]. The Journal of the Acoustical Society of America, 1996, 100(3): 1447.

[18] KINSLER L E, FREY A R, COPPENS A B, et al. Fundamentals of acoustics[M]. 4th ed. New York: Wiley, 2000.

[19] THORNE P D, MERAL R. Formulations for the scattering properties of suspended sandy sediments for use in the application of acoustics to sediment transport processes[J]. Continental Shelf Research, 2008, 28(2): 309-317.

[20] GARTNER J W. Estimating suspended solids concentrations from backscatter intensity measured by acoustic Doppler current profiler in San Francisco Bay, California[J]. Marine Geology, 2004, 211(3):169-187.

[21] MUNK W, WUNSCH C. Ocean acoustic tomography: A scheme for large scale monitoring [J]. Deep Sea Research Part A, 1979, 26(2):123-161.

[22] The Ocean Tomography Group. A demonstration of ocean acoustic tomography[J]. Nature, 1982, 299:121-125.

[23] MUNK W, WORCESTER P, WUNSCH C. Ocean acoustic tomography[M]. Cambridge: Cambridge University Press, 2009.

[24] ATOC Consortium. Ocean climate change: comparison of acoustic tomography, satellite altimetry, and modeling[J]. Science, 1998, 281(5381):1327-1332.

[25] 赵航芳, 汪非易, 朱小华, 等. 海洋声学层析研究现状与展望[J]. 海洋技术学报, 2015, 34(3):69-74.

[26] ZHENG H, GOHDA N, NOGUCHI H, et al. Reciprocal sound transmission experiment for current measurement in the Seto Inland Sea, Japan[J]. Journal of Oceanography, 1997, 53:117-128.

[27] 赵宗曦. 河口海岸区域的高频声层析研究[D]. 厦门:厦门大学, 2014.

[28] ZHU X H, ZHU Z N, GUO X, et al. Measurement of tidal and residual currents and volume transport through the Qiongzhou Strait using coastal acoustic tomography[J]. Continental Shelf Research, 2015, 108:65-75.

[29] 刘旭东, 林巨, 王欢, 等. 胶州湾流速场的声层析反演研究[J]. 海洋科学, 2016, 40(1):101-111.

第5章 海底声学探测技术及其应用

海洋底边界层作为海洋底部水体与海床两种介质相互作用的典型区域,包含丰富的环境信息,在海底科学、水下声场环境等领域具有重要的研究价值。海底探测技术是获取海底边界层信息的关键,对认知海底环境特性及其地球圈层交互演化规律具有重要的支撑作用。根据探测原理不同,常见的海底探测技术分为两类,即声学探测(人工声源探测和天然声源探测)和非声探测(光学、磁力、重力、热流、放射性观测和海底钻探)。与非声探测相比,声波在海水中的衰减更慢、传播距离更远,因此声学探测是目前获取大范围海底信息最常见的手段之一。本章主要介绍海底声学探测技术及其应用情况。

5.1 海底形貌测量

5.1.1 概述

海底形貌是海水覆盖之下的固体地球表面形态。常见的海底形貌声学测量方法包括单波束测深、多波束测深和侧扫声呐测量。单波束测深是指采用发射换能器和接收换能器,获得测量平台正下方的水深值,并在航行方向上形成由一系列测深点组成的测深剖面的一种地形测量方法。多波束测深是指采用发射、接收指向正交的两组声学换能器,获得垂直航向、由大量波束测深点组成的测深剖面,并在航行方向上形成由一系列测深剖面构成的测深条带,从而实现高效地形测量的一种方法。侧扫声呐测量是指采用声学换能器对海底进行扫描,获得海底回波信号,实现海底地貌成像的一种地球物理调查方法。

5.1.2 原理、方法与装备

5.1.2.1 单波束测深仪

1. 工作原理与方法

单波束测深仪工作时由发射换能器垂直于海底发射短脉冲声波,当声波遇到海底时发生反射,反射回波被接收换能器所接收。根据回波与发射声波间的时间差即可得到该测量点的深度。设在船底安装发射换能器 A 和接收换能器 B,两换能器之间间隔距离为 S,M 为两换能器之间距离的中点,船底到海底的垂直距离(MO)为 h,船舶吃水深度为 D,水深为 H,如图 5-1 所示。

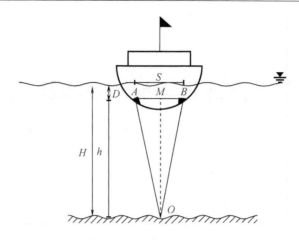

图 5-1 回声测深原理图

由图可知,水深应为

$$H = D + h \tag{5-1}$$

船舶吃水深度 D 通常为已知,因此只要确定船底到海底的垂直距离 h 就可以求得水深 H。设声波在水中的传播速度为 c,声信号从换能器 A 发射后沿路径 AO 传播到海底,经 O 点反射后沿路径 OB 回到接收换能器 B 的往返时间为 t,因此:

$$h = MO = \sqrt{(AO)^2 - (AM)^2} = \sqrt{\left(\frac{ct}{2}\right)^2 - \left(\frac{S}{2}\right)^2} \tag{5-2}$$

当单波束测深仪为收发合置换能器时,$S = 0$,公式(5-2)可简化为

$$h = \frac{1}{2}ct \tag{5-3}$$

公式(5-3)表明,单波束测深仪测得的是船底到海底深度 h,通过测量声波往返时间即可得到 h。通常为简单起见,理论计算时声速 c 近似取 1 500 m/s,但当水深较深时,水中的声速受到温度、盐度、密度的影响较大,此时声速 c 需要使用声速剖面仪的实测值或者通过温盐深剖面仪(CTD)推算得到。

上述水深值 h 加上换能器吃水深度 D 和潮位改正值(ΔD_t),即得到实际水深 H:

$$H = h + D + \Delta D_t \tag{5-4}$$

回声测深仪通常先接收到来自正下方海底的回波,但是当遇到崎岖的海底时,可能会导致测量误差,如图 5-2 所示。这里的第一个回波的反射点受海底坡度的影响发生了偏移,因此回波并不是直接来自换能器正下方。由图可知,回声测深仪能否准确显示海底地形取决于换能器波束的宽度,即波束的频率。较高的频率对应的波束通常较窄,较高频率下的窄波束更能准确地记录海底。

当海底由不同声阻抗的多层沉积物组成时(图 5-3),在低频下回声探测仪能识别出浅表层沉积物界面,而在高频下只能识别出最上层界面(海底面)。从水的声阻抗到下层沉积物的声阻抗一般是平滑变化的,因此当最上层是非常软的底质时(泥浆或海草),最上层的底质就不容易被探测到。

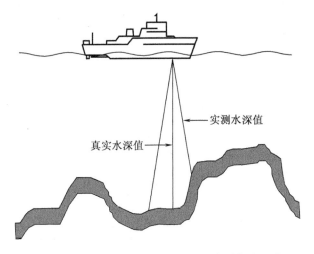

图 5-2 快速变化的海底地形对深度测量的影响

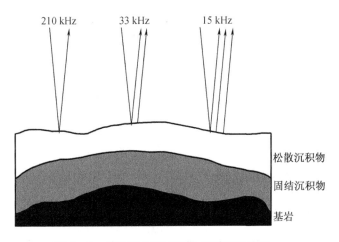

图 5-3 频率对多层海底各层探测的影响

2. 主要装备

目前单波束测深技术已经十分成熟,而且在航道测量船、邮轮、货船、拖网渔船,甚至小型游船和运动艇上有着广泛的应用。国外单波束测深仪的研制比较早,技术较为先进,性能稳定。例如加拿大 Knudsen 公司的 Sounder1600 系列、chirp3200 系列、320M 系列、320B 系列单频测深仪,挪威 Kongsberg 公司的 EM3000 系列、EM2000 系列、EM710 系列,Sperry 公司的 Marinees5100 等。国内对单波束测深仪同样开展了广泛的研究,目前已生产出多种型号化的产品,例如上海地海仪器有限公司的 HT100 便携式数字化测深仪、HydroTrac 精密单频测深仪和 ECHO TRAC CVM 便携式测深仪,河南黄河水文科技有限公司的 Bathy 系列测深仪、ODEC Bathy-1500 双频回声测深仪、ISE-10 助航回声测深仪、ESE 系列测深仪,无锡市海鹰加科海洋技术有限公司的 SDH-13D 浅水型单波束测深仪、HY1600 系列单波束测深仪等。

5.1.2.2 多波束测深系统

1. 工作原理及方法

(1) 工作原理

多波束声呐探测方法起源于 20 世纪 50 年代的美国 Woods Hole 研究中心,是针对海床深度进行大面积连续观测的重要手段[2]。多波束测深系统可以看作是单波束测深系统的进一步发展。多波束测深系统发射的声波是由众多单波束组成的一个扇面,每个波束的宽度都很小,而且每个波束之间的夹角也很小。当前最好的多波束系统有 0.5°~1°的波束宽度,可同时操作 800 多个波束。多波束测深系统在总扇角为 150°时的理论最大覆盖宽度约为水深的 7.5 倍,这使得沿着船舶路径进行条带状扫描成为可能。在深海海底多波束测量中,条带总宽度可能超过几十公里。在声速约 1 500 m/s 的情况下,扇体边缘波束的反射时间以秒为单位,这就限制了船的巡航速度。然而,多波束系统已经成功地将水深测量从二维发展到三维,这样即使船只在 10~12 kn 航速下巡航,也可以又快又详细地进行测量,从而节省大量成本。虽然多波束系统比单波束或侧扫声呐系统更加复杂和昂贵,但如果考虑到它们增加的扫描范围和扫测速度,它们的成本效益更高。图 5-4 显示了多波束测深系统波束的几何形状,其中 A 部分展示了俯视看到的窄波束,沿航行方向波束宽度为 φ_l,B 部分展示了由窄波束形成的扇面,总扇角为 φ_t,单个波束的宽度为 φ_i,条带总宽度为 S_w。

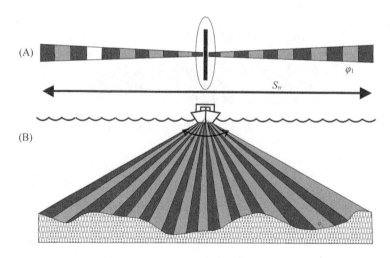

图 5-4 多波束测深仪波束几何示意图

(2) 多波束系统的安装

深水多波束系统被安装在海洋调查船的底部,发射换能器单元通常沿着航迹方向安装,接收单元垂直于航迹方向。发射换能器的方向性决定了航迹方向上的角度分辨率,接收单元的方向性决定了垂直航迹方向上的角度分辨率。

2. 主要装备

目前能够生产多波束声呐系统的公司有 Atlas Elektronik 和 ELAC 公司(德国)、Seabeam 公司(美国)、Kongsberg 公司(挪威)和 Teledyne-Reson 公司(丹麦)等。其中,超过 75% 的产品是由最后两家公司生产和销售的。本节提供了两个多波束系统的详细信息,一个是 Teledyne – Reson SeaBat 7125,另一个是 Teledyne – Reson SeaBat 7150(图 5 – 5),两种系统都提供了两种操作频率,其中 SeaBat 7125 为 400 kHz 和 200 kHz,SeaBat 7150 为 24 kHz 和 12 kHz。

图 5 – 5 Teledyne – Reson SeaBat 7150

图 5 – 5 Teledyne – Reson SeaBat 7150 中的换能器和接收系统形成了一个米尔斯十字(Mills Cross)。八元发射换能器阵列以 12 kHz 和 24 kHz 的两种频率发射(如图上半部分所示),形成换能器"T"形的下半部分。八元接收阵列构成换能器的上部。每个换能器阵列和接收器阵列中最多有 12 个元件可以产生高分辨率。

5.1.2.3 侧扫声呐

1. 工作原理及方法

(1)系统构成

侧扫声呐分为船载侧扫声呐和拖曳式侧扫声呐两种,二者的系统结构和工作原理基本相同。以拖曳式侧扫声呐为例,其基本组成一般包括甲板工作站、绞车和拖鱼,以及必要的水上(GPS 接收机)、水下定位辅助设备(超短基线等)(图 5 – 6)。为减小水体阻力,拖鱼通常呈流线型,它由前部和后部组成。前部由鱼头、换能器舱和拖曳钩等部分组成,拖鱼两侧各装备一对收发换能器(单频情况)。拖曳钩起到拖曳电缆和拖鱼之间机械连接和电连接的作用。拖曳电缆安装在绞车上,其一头与绞车上的滑环相连,另一头与侧扫声呐拖鱼相连。它既可以对拖鱼进行拖曳操作,又可以为拖鱼传递操作指令。拖缆有两种类型:强度增强的多芯轻型电缆和铠装电缆。在沿岸地区水深比较浅,一般使用轻型电缆;铠装电缆多用于深海,大部分铠装电缆是达到"力矩平衡"的、具有两层反方向螺旋金属套的双层铠装。后部包括电子舱、鱼尾、尾翼等部分。尾翼用来稳定拖鱼,当它被障碍物或渔网缠住时可自动脱离鱼体,鱼体收回后可重新安装新尾翼。甲板工作站是侧扫声呐的核心,具有数据采集、处理、显示、存储,以及图形镶嵌、图像处理等功能,控制着整个侧扫声呐系统。通常,甲板工作站由硬件和软件两部分组成,硬件部分包括高性能计算机、数据接收机以及为拖鱼提供高压电流的供电模块,软件包括系统控制软件和数据预处理软件。

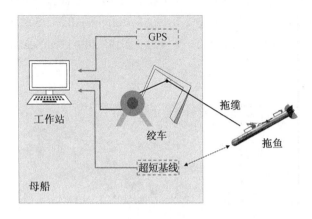

图 5-6　拖曳式侧扫声呐系统构成示意图

(2) 工作原理

以双侧、单频带侧扫声呐系统为例,工作时拖鱼两侧的发射换能器均发射具有扇形指向性的波束。为保证一定的扫描宽度,在垂直于航线的平面内开角 P_v 一般约为 60°;为保证较高的分辨率,平行于航线的水平面内开角 P_h 一般小于 2°(图 5-7)。换能器存在的水平开角 P_h,会导致侧扫声呐的横向分辨率随着目标与拖鱼的距离增加而减小。当换能器发射声脉冲时,在海底形成一窄梯形区域(图 5-7 中的 $ABCD$),即为侧扫声呐的"脚印"。

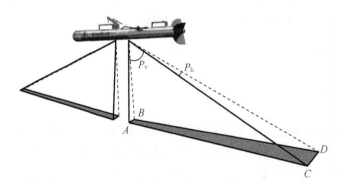

图 5-7　侧扫声呐工作脚印形成示意图

发射换能器发射声脉冲之后,声波以球面波形式向外传播,碰到海底或障碍物后反射波或后向散射波沿一定路径返回接收换能器。反射波或后向散射波到达换能器的时间由其传播路径决定,路径越长,所用时间越长。通常,侧扫声呐正下方海底的回波先到达换能器,倾斜方向的回波后到达。这样,扇形的脉冲发出后,接收的回波是一个有一定持续时间的脉冲串。回波脉冲串各处的幅度大小不一,而且回波幅度的高低包含着海底反射强度的信息。如图 5-8 所示,通常硬的、粗糙的、突起的海底回波强;软的、平坦的、下凹的海底回波弱,被突起海底遮挡部分的海底没有回波(影区)。较黑的目标图像表示回波信号较强,较淡的色调表示声波照射不到的影区,根据影区的长度可以估算海底障碍物的高度。发射一次波束可同时获得拖鱼两侧一窄条海底的信息,当拖鱼向前航行,设备按一定时间间隔进行发射/接收操作,将每次接收到的窄条数据连续显示,就可以得到海底二维地貌声图。

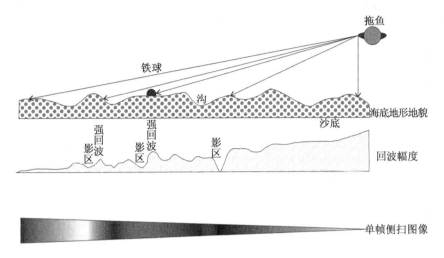

图 5-8 侧扫声呐回波幅度示意图

2. 主要装备

1960 年英国研制出第一台可用于海底地质调查的侧扫声呐,60 年代中期侧扫声呐的分辨率和图像质量等探测性能得以改进,并发展出拖曳型侧扫声呐。20 世纪 70 年代研制出能够适应不同用途的侧扫声呐。近年来,随着计算机性能的快速提高,侧扫声呐技术步入了全新发展阶段,出现了一系列以数字化处理技术为基础的侧扫声呐设备,传统的单频单模声呐逐渐被具备高、低两个频段的双频双模声呐所取代。同时,为获得更高的探测分辨率,侧扫声呐的信号形式也逐渐从简单的单频脉冲信号演变为线性调频脉冲信号(chirp);为实现高速拖曳全覆盖的同时获得高分辨率的地貌图像信息,诸如多波束侧扫、多脉冲技术也不断地被应用于侧扫声呐系统中。

美国 Klein 公司研发的 Klein 5000 V2 系列以及 EdgeTech 公司研发的 4200 系列深海多波束侧扫声呐系统,基本代表了目前民用侧扫声呐发展的最高水平(图 5-9)。其他诸如 Deep Vision、Konsberg、ATLAS 和 Teledyne 等公司也都有自己的成熟商用侧扫声呐系列产品。

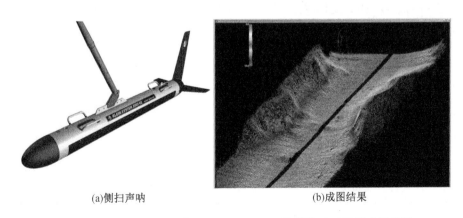

(a)侧扫声呐　　　　　　　　(b)成图结果

图 5-9 Klein 5000 V2 和 EdgeTech 4200 MP 侧扫声呐及其成图结果

1970年,我国开始研究侧扫声呐系统,并于1972年由中国科学院声学研究所研制出了我国第一款船载舷挂式侧扫声呐系统,后续又研制出了拖曳式的侧扫声呐系统 CS-1。此外,海洋探测设备研发存在投入大、周期长、技术起点高等特点,导致国内长期以来对侧扫声呐系统的研发基本以研究所或高校为主,企业参与较少,目前已有的拖曳式双频侧扫声呐和多波束侧扫声呐基本处于样机研发阶段,远未达到商业化应用水平。

近年来,随着国家对海洋重视程度的提升,越来越多的企业开始投入海洋探测装备的研发与制造当中。其中杭州边界电子技术有限公司(Boundary)通过国际合作的方式,研发了现代数字线性调频拖曳式侧扫声呐——"剑鱼1020D",该系统具备100/400 kHz双频带同步扫测等先进技术来保证卓越的成像能力,最远探测距离可达6 000 m,是目前国内最成熟的商用侧扫声呐产品之一。

5.1.3　应用案例

为了更好地介绍海底形貌声学探测技术,将以李振等报道的《侧扫声呐在琼州海峡跨海通道地壳稳定性调查中的应用》研究为例[3],进行介绍。

5.1.3.1　调查目标

本案例基于侧扫声呐开展琼州海峡地区海底地形地貌调查,以获取跨海通道区域海底形态、结构,捕获沙丘、沙脊、沙波、沙垄及海丘等活动微地貌,不稳定边坡(陡坎、滑坡等)微地貌单元、软土地层浅部不良地质土层分布情况,海底火山锥、活动断裂发育程度及空间分布特征等信息,从而为这一区域的地质灾害评价、构造稳定性分析、沉积速率分析、海底火山分布等研究提供基础资料。

5.1.3.2　调查设备

本案例调查设备为Sonar Beam S-150D型数字双频侧扫声呐系统,由甲板主机、拖鱼及拖缆组成(图5-10)。拖鱼的两侧各有两个换能器阵列,向海底发射并接收声脉冲。甲板主机通过线缆接收、处理并存储海底反射或后向散射的回波信号,拖鱼状态信息及所有携带的传感器的信号(如高度计、深度传感器和姿态传感器),并利用Real Scan软件实现信息的实时显示。除此之外,船载GPS接收机和超短基线协同工作,将拖鱼的位置信息实时传输给甲板主机设备并显示到扫测图像上。

5.1.3.3　调查结果

(1)在跨海通道区域海底发现活动沙波、软土、活动构造及岸坡等微地貌单元,跨海通道工程施工和运行阶段将存在发生地质灾害的可能性(图5-11)。

(2)在工程区内发现疑似火山口、断层等活动构造,侧扫声呐影像表明火山锥底部直径约400 m,火山口直径100 m,坡高24 m,锥体坡降0.24(图5-12)。

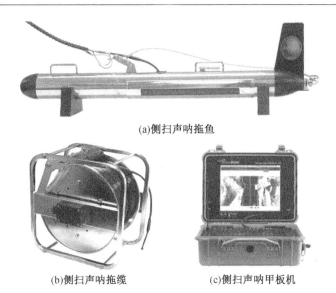

(a)侧扫声呐拖鱼

(b)侧扫声呐拖缆　　(c)侧扫声呐甲板机

图 5-10　Sonar Beam S-150D 侧扫声呐系统[3]

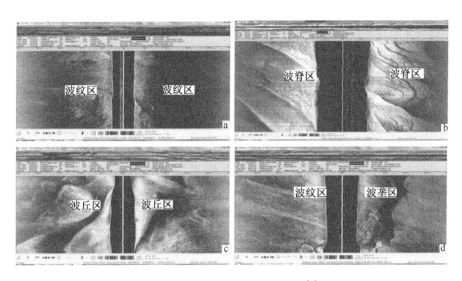

图 5-11　各种规模沙波影像图[3]

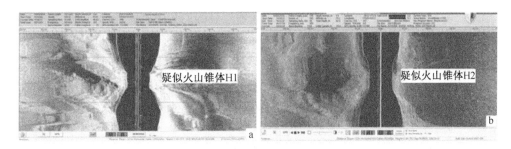

图 5-12　海底火山影像图[3]

5.2 海底浅地层探测

5.2.1 概述

海洋浅地层探测是一种基于水声学原理的连续走航式探测水下浅层地层结构和构造的海洋声学探测方法,用到的设备为浅地层剖面仪,这是一种利用声波在水中和沉积物内传播和反射的特性来探测海底浅部地层结构和构造的声学设备。与多波束测深声呐和测扫声呐相比,浅地层剖面仪的声波发射频率较低,换能器的电脉冲能量较大,因而发射的声波具有较强的穿透力。

浅地层剖面仪探测海底的地层分辨率为数十厘米,在测量航道海底浮泥厚度、海底管线巡检以及海上钻井平台基岩深度勘测方面具有较高的工程应用价值[4]。浅地层剖面声学探测的地层穿透深度一般为近百米,由于多数浅地层剖面仪的工作频率可以调节,所以在实际应用中可以进行适应性参数设置,以获取更好的探测效果。

5.2.2 原理、方法与装备

5.2.2.1 原理及方法

浅地层剖面仪工作时通过换能器将控制信号转换为不同频率(一般工作频段为100 Hz ~ 10 kHz)的声波脉冲,该声波在海水和沉积层传播过程中遇到声阻抗界面后发生反射,回波信号经接收换能器转换为数字信号,最终输出并显示为能够反映地层声学特征的浅地层声学记录剖面[4]。波阻抗差是地层反射的决定性因素。在浅地层剖面调查中,近似认为声波是垂直入射的,此时地层反射系数 μ_0 可表示为

$$\mu_0 = \frac{\rho_2 v_2 - \rho_1 v_1}{\rho_2 v_2 + \rho_1 v_1} \tag{5-5}$$

由式(5-5)可知,要得到强反射,必须存在地层界面的波阻抗差(ρv),即声速差和地层密度差。当相邻地层有一定的密度差和声速差,其界面处就会产生较强的声反射,此时声学记录剖面上呈现出灰度较强的界面线。当声波遇到地层界面时,一部分发生反射,另一部分发生透射;这部分透射的声波遇到下一层波阻抗界面时又会再次发生反射和透射现象,直至声波的能量衰减待尽,此时意味着达到了浅地层剖面仪的最大穿透深度(图5-13)。

声学记录剖面中的波阻抗界面与地质界面或地层层面之间存在着不完全对应关系。一般情况下,不同年代的岩层存在着不同的物理特征,声学反射特征也有差异,因而依据声学反射剖面划分的反射界面往往与地层界面是吻合的,也就是说这种反射界面一般能够代表不同地质时代、不同沉积环境和物质构成的真实地层界面。

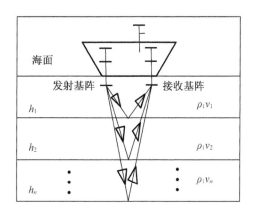

图 5-13　浅地层剖面工作原理[4]

浅地层剖面仪的探测效果受到多种因素影响,比如海底底质特征、探测过程中的噪声、船只的状态等。在实际探测过程中,应根据目标海域的具体情况,综合实际因素施测,以达到最优的探测效果。

5.2.2.2　主要装备

根据发射的声波类型,浅地层剖面测量系统可以分为两种,一种是调频声波发射型,另一种是大功率电脉冲声发射型;根据声波的发射模式,还可以分为余弦波、Chirp 等发射模式;根据换能器的安装方式可分为船载型和拖曳型两种,船载型又可细分为船底安装型和船舷安装型。船载型浅地层剖面测量系统功率大,具备窄波束多阵元发射的能力;拖曳型系统的工作接近海底,所需的发射能量、载体的噪声和声阵受船体摇摆的影响相对较小,声学地层剖面的信噪比往往高于前者。目前较为主流的浅地层剖面仪及其技术规格见表 5-1。

表 5-1　浅地层剖面设备的主要产品及其技术参数[5]

生产厂家	型号	频率/kHz	分辨率/cm	穿透深度/m	工作水深/m
Innomar	SES-96	96 和 108 差频	3	10	0
		3.5~12 和 100 差频	5	<50	3~1500
EdgeTech	3100-G	4~24	4~8	2~40	300
	3300	2~16	6~10	6~80	3 000
Benthos	SIS-1000	2 和 7(Chirp)	20	50	2 000
	SIS-3000	2 和 7(Chirp)	10	50	3 000
C-Products	C-BOOM	0.5~3	30	80	0
	GeoChirp Ⅱ	0.5 和 13(Chirp)	6	根据岩性定	3 000
GeoAcoustics	GeoPulse	2~12	10~20	根据岩性定	0

5.2.3 应用案例

为了更好地介绍海底浅地层声学探测技术,将以谢源报道的《浅地层剖面仪在南日岛海上风电场勘察中的应用》研究为例[6],进行介绍。

5.2.3.1 调查区概述

本案例的调查区域位于福建莆田南日岛 400MW 海上风电场工程所在海区,分布于莆田市南日岛以东 0~14 km 处。海底水深范围为 -30~0 m,风电场海域内岛屿、岛礁分布较多,海底地形较为复杂,存在水下浅滩、水下三角洲、拦门沙坝、潮流脊系、潮流三角洲、海底阶地、海底峡谷、岩滩、浅滩、海沟、陆桥和海底港湾等多种类型。

5.2.3.2 调查设备

本案例中使用的调查设备是美国 EdgeTech 公司制造的 3200XS 拖曳型浅地层剖面系统,包括 FS-SB 全频谱处理器、SB-216S 拖鱼和水下电缆。导航设备使用 Trimble SPS351 信标接收机。甲板主机在接收声呐信号的同时,由同步接收 Trimble SPS351 信标接收机接收到的 GPS 数据。同时,信标机接收的 GPS 数据同步传输至 HYPACK 导航软件,进行实时导航,指导船只沿预设航迹采集数据。

5.2.3.3 调查结果

调查结果显示,海底沉积砂层相对密实时浅地层剖面仪发射的声波对砂质海底探测效果较差,声波能量多以反射和透射损失为主,穿透深度较小。图 5-14(a)为海底表层中粗砂反射特征图,中粗砂由于颗粒大,孔隙比较大,透射能量与反射能量均较强,它的反射特征为灰度较大且均匀,能量较大,衰减很快,且二次反射相对一次反射弱很多。图 5-14(b)为海底表层中细砂反射特征图,中细砂由于颗粒小、致密,故透射能量弱、反射能量强,反射界面呈现强而集中的浓重界面,下面灰度较小,反映了透射能量小的特征。此类海底地层浅地层剖面仪探测深度比较浅,不易探测到中、深埋地层。

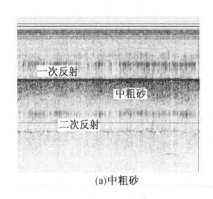

图 5-14 中粗砂与中细砂反射特征图[6]

淤泥质地松软,无骨架颗粒,反射能量损失较小,对声波的衰减较小,是浅地层剖面仪探测最适宜的地层,在反射特征上表现为灰度较浅。黏土类具有与淤泥类似的物理性质,淤泥质黏土表现为多条纹状浅灰度的反射特征,而粉质黏土则表现为较浓重灰度的反射特征(图5-15)。

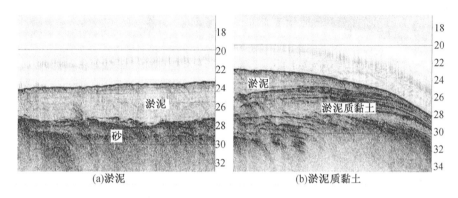

图5-15 海底淤泥与淤泥质黏土反射特征图[6]

海底出露的礁石,由于风浪的涌动,带动海底砂砾随浪涌流动,对海底出露的礁石形成了侵蚀,岩石表面粗糙,节理发育不均,抵抗侵蚀的能力不同,导致表面差异较大,呈现毛糙状反射特征;浅埋基岩,由于基岩与上伏砂及其他软弱覆盖层物理性质差异比较大,波阻抗较大,反射较强烈,故反射面灰度较大;深埋基岩由于上伏覆盖层较厚,声波在传播过程中,由于漫反射对声波的衰减,入射能量较低,故反射界面灰度较低(图5-16)。

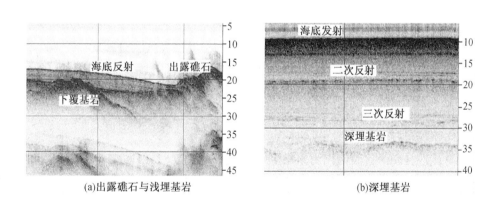

图5-16 出露礁石与浅埋基岩反射特征图[6]

5.3 深部地层探测

5.3.1 概述

深部地层声学探测中的"深部"是一个相对的概念,目前,深部地层探测技术是对穿透能力为 4 000～6 000 m 的探测资料采集、处理、解释技术的统称。根据探测区域的不同,深部地层声学探测可分为陆上深部地层探测和海洋深部地层探测。根据观测方式不同,深部地层声学探测可分为拖缆观测方式、垂直缆观测方式、海底节点观测方式和三种观测方式联合的立体观测方式。其中,拖缆观测方式又包含单道信号接收方式、多道信号接收方式等。获得地震探测资料之后需要对数据进行处理才能进一步识别海底目标体。目前地震资料处理主要有常规处理和特殊处理两大类。基于拖缆数据的处理方法以常规处理方法居多,包含了数据预处理、定义观测系统、静校正、速度分析、动校正叠加、偏移处理等步骤。特殊处理主要针对特殊工区、特殊采集方式的数据体,例如可用于海底地震仪、垂直缆数据成像的层析反演、全波形反演等方法。本章节主要从以上内容出发介绍深度地层探测的原理、方法及相关设备[7]。

5.3.2 原理、方法与设备

5.3.2.1 海洋拖缆观测技术

海上拖缆地震勘探的基本方法是通过海水中的震源激发人工地震波,勘探船后面拖缆中的传感器网络收集从海底地层中反射的地震波数据,通过对地震波资料的处理从而达到了解海底地层结构、海底矿藏分布情况的目的。海洋拖缆地震勘探技术在国内已经被广泛应用,拖缆设备制造与拖缆探测数据处理理论与方法均已十分成熟。

1. 工作原理与方法

海洋拖缆地震勘探首先使用海水中的震源激发地震波,利用勘探船尾部拖曳电缆中的检波器采集从海底地层中反射的地震波数据,最终通过对地震资料的处理实现了解海底地层情况的目标。海洋拖缆探测系统如图 5-17 所示。海洋拖缆探测系统的组成包括产生地震波的震源、负责接收海底地层反射地震波信息的海洋拖缆、进行数据处理和分析的计算机系统,其中海洋拖缆由多个以检波器为分隔的部分组成,每个检波器都是独立的数据接收单元,整条海洋拖缆就由所有检波器连接在一起组成。

目前地震拖缆数据处理技术已经相当成熟,常规的地震资料处理工作主要包括预处理、定义观测系统、噪声分析及衰减、带通滤波、真振幅恢复、增益处理、噪声分析及其压制、多道地震资料多次波的压制、反褶积、速度叠加等过程。地震资料数据处理的重点放在随机噪声的分析识别和压制、叠加速度分析和叠后信号增强等。下面简单介绍地震拖缆数据处理流程及方法(图 5-18)。

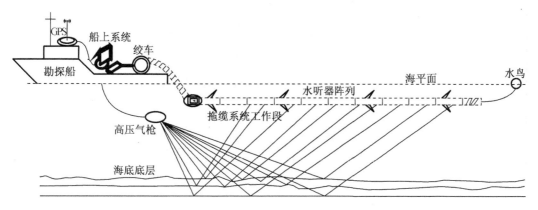

图 5-17　多道地震探测工作示意图

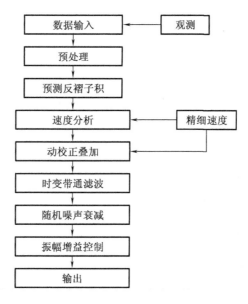

图 5-18　处理流程示意图

(1) 数据预处理

读入数据后,首先进行的是数据预处理工作,包括带通滤波、真振幅恢复等。带通滤波是一种很好的消除噪声等干扰的方式,可消除大部分的海洋环境低频噪声以及来自其他领域的高频噪声。此外,真振幅恢复能够消除地震波在传播过程中产生的球面扩散效应。处理结果如图 5-19 所示。

(2) 观测系统建立

为了进行后续的反褶积、叠加、偏移等工作,首先需要建立观测系统。根据外业工作记录以及班报记录依次在观测系统加载模块下输入各种作业信息,例如:炮点站位信息、接收点站位信息、最大偏移距、炮点激发次数、接收点个数、接收点间距等。观测系统的构建是为地震数据构建相对或绝对位置信息,便于后续的速度提取、反射角度计算等。

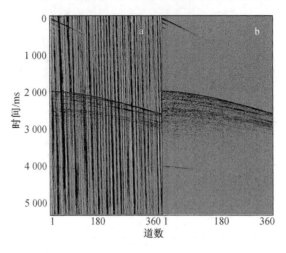

a—原始数据；b—预处理后数据。
图 5-19 数据预处理

(3) 反褶积

反褶积是通过压缩子波提高信噪比的方法，是地震数据处理中一个基本的处理环节。假设反射序列为白噪序列。反褶积的基本作用是压缩地震记录中的地震子波，同时，可以压制鸣震和多次波，因而反褶积可以明显提高地震的垂直分辨率。反褶积通常是用于叠前地震数据处理，也可以用于叠后数据处理，通常在一个地震数据处理流程中，为了提高地震垂直分辨率，在叠前和叠后不止一次用到反褶积处理。如图 5-20 所示，进行反褶积后，地震子波被压缩为尖脉冲，地震记录的分辨率明显提高[8]。

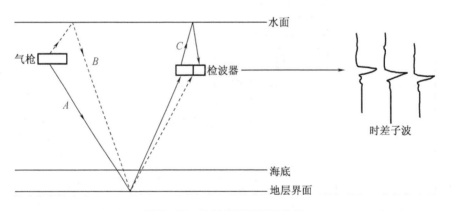

图 5-20 地震剖面反褶积处理

(4) 叠加与偏移

由于噪声信号具有随机性，在数据叠加以后噪声信号会明显降低，且有效的反射信息会明显增强，因此，在多道地震勘探中，多次叠加技术是压制多次波、提高信噪比的有效方法。叠加次数与地震道数、炮间距和道间距有关。一般来说，叠加次数越高，多次波的压制效果越好，信噪比越高。由于信号的干涉效应，过多的叠加次数会产生低频响应，降低资料的分辨率，因此，叠加次数不是越高越好。地震勘探基于的假设之一为地层是水平层，然而实际情况大多不符合这个假设。比如地下地层倾斜甚至更加复杂,在存在地层尖灭点的地方,也会出现绕射波未收敛等现象。偏移处理即将绕射信号归位,获得更好的成像效果[9-10](图 5-21)。

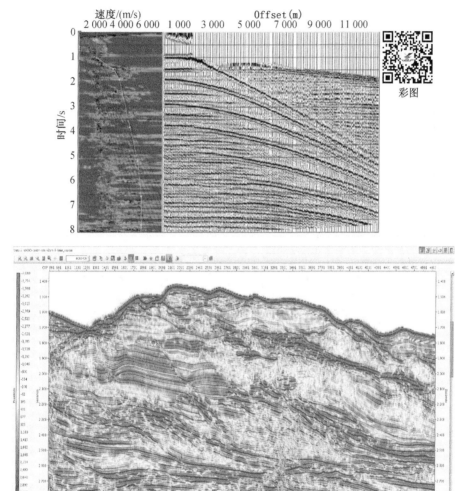

图 5-21 偏移剖面

2. 主要装备

(1) 西安 ROS-48D 型 24 道多道地震采集系统

该系统为 24 道深海浅层高分辨率多道拖缆采集系统。系统记录每一炮激发后所有地震道采集到的数据。由船载记录系统、水下系统和触发控制系统三部分组成。数据采集模块采样间隔为 0.062 5 ms、0.125 ms、0.25 ms、0.5 ms、1 ms、2 ms、4 ms,信号带宽为 3 Hz ~ 24 kHz,可编程增益为 0 dB、18 dB、36 dB,分辨率为 24 Bits(含符号位)。数字拖缆总道数为 24 道,每采集单元为 8 道,道间距 6.25 m,拖缆工作段每段 8 道(图 5-22)。

（2）HMS-620 低频气泡震源系统

HMS-620 低频气泡震源（图 5-23）使用低频声学信号能提供很好的信号穿透力，可垂向穿透粗砂、砾石和其他难以穿透的沉积物。低功率、小巧的单元组件，使得在更多的领域成为非常有价值的震源。

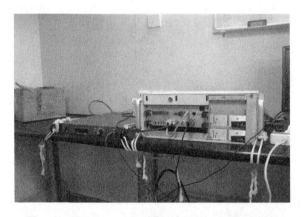

图 5-22　ROS-48D 24 道高分辨率数字地震采集系统

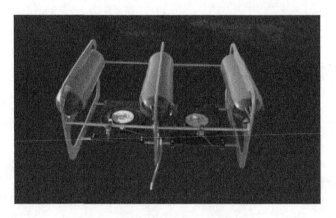

图 5-23　HMS-620 低频气泡震源

5.3.2.2　海底节点观测技术

海底节点探测是将一定数量的检波器直接布设在海底进行地震勘探的技术。因被直接布设在海底能够接收到多分量的地震资料，数据处理时能实现宽方位的地层成像，宽方位的地层成像是实现不同方位各向异性特征描述的前提条件。采用海底节点技术探测地层结构受到海洋环境的影响很小，并且能够获得高信噪比多分量地震资料，因此，采用海底节点地震勘探能够实现地层的高分辨率实时动态监测。

1. 工作原理与方法

海底地震仪（ocean bottom seismograph，OBS）是海底节点的一种，是利用放置在海底的检波器来接收地震波信息的地震勘探设备。海底地震仪的组成一般包括地震信号传感器、信号处理设备、信号记录设备、仪器控制设备和仪器外壳等。海底地震仪内部的一个三分量地震检波器和一个水听器构成了用于接收地震波信息的地震信号传感器。三分量地震检波器含有两个水平分量和一个垂直分量,其三个分量互相垂直。海上地震勘探时,海底地震仪沿着测线逐个被投放到海底,并通过设备上的 GPS 定位装置确定它们的投放位置,勘探船沿着测线按照设定时间放炮,并记录炮点的激发位置、激发时间、勘探船的航行速度等信息。在海上地震勘探结束后,通过海底地震仪上的 GPS 定位装置回收设备并记录相应的位置信息,并将海底地震仪中的数据导入计算机进行处理,即可获得海底地震资料。由于直接接触海底,海底地震仪接收信号减少了海面附近的风浪、涌浪等环境噪声的干扰;除了能够接收到地层反射的纵波信息之外,同时也能接收到转换横波信息,避免了地震横波不能在海水中传播的限制,还可以减少海底波阻抗界面对地震波的屏蔽和衰减,使之能够接收到来自深层的地震反射和折射信号,具有相当深的勘探深度;海底地震仪能够记录四分量地震数据,四分量数据中纵波主要是由垂直分量检波器记录,水平分量检波器记录了纵波在地层上发生波形变化产生的转换横波,包括垂直和水平的转换波[5-6]。

海底地震仪可以单个使用,也可以多个联合使用,根据地震勘测目的不同可以设计不同的排列。通常情况下,可以布设到几千米深的海底,根据勘测目的的不同,在采用多个联合采集数据时,海底地震仪之间的间距一般为几米到几十千米。野外采集,既可以是单道多炮,也可以是单炮多道(图 5-24)。震源一般采用排列式空气枪震源,激发间隔时间一般为几十秒。通过回收反射波从而进行地层分析。

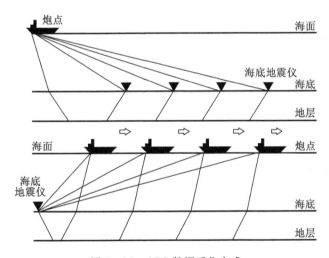

图 5-24 OBS 数据采集方式

海底地震仪勘探的数据处理一般包括数据解编、数据裁截、数据分析、常规处理、时间校正、走时拾取和反演处理等环节(图 5-25)。

(1)数据解编。将 OBS 采集的原始数据格式解编为各分量的标准 SAC 格式,再根据勘探要求选择合适的 OBS 记录数据进行后续处理。

(2)数据裁截。将连续记录按照放炮时间进行裁截并按道存储。以野外采集记录的导航和炮时文件为依据,把所记录的原始 SAC 格式 OBS 地震数据裁截为共接收点道集记录,并以标准 SEG-Y 格式存储。

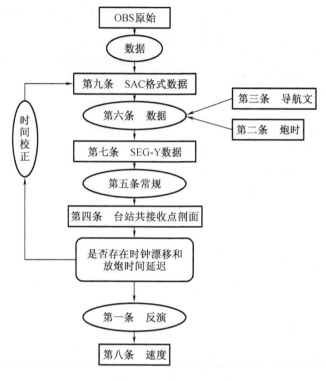

图 5-25 OBS 数据处理流程

(3) 数据分析。通过傅里叶变换分析 OBS 数据的频谱特征,确定台站记录中有效地震波信息的频带范围,并查明环境噪声情况,为后续带通滤波参数的选取提供依据。

(4) OBS 数据常规处理。为准确地识别震相和拾取地震走时,采用常规地震数据处理方法处理各台站的 OBS 数据,最后获得提高信噪比和分辨率的共接收点地震剖面。其中,常规处理方法包括几何扩散校正、带通滤波、自动增益控制和反褶积等。

(5) 时间校正。时间校正可以消除由于放炮延迟、OBS 时钟漂移等因素对初至波走时造成的影响。通常是利用线性内插法进行时间校正,具体做法是:在 OBS 投放前记录 GPS 时间与 OBS 时钟之间的漂移量,在 OBS 回收后同样通过对比两者时钟获取漂移量,最后根据获取的时钟漂移量采用线性插值法计算各个炮点的时间校正量。

(6) 走时拾取。走时反演的输入数据是通过初至走时拾取获得的,基于相邻道在横向上的相似性,初至走时拾取是在各个台站的共接收点剖面上进行的,拾取的信息包括各道初至波的双程旅行时和相应坐标(图 5-26)。

(7) 反演处理。利用在台站共接收点记录剖面上拾取的初至波走时信息,利用走时层析成像方法可以反演得到地下速度结构模型[5-6](图 5-27)。

2. 主要装备

世界各国家生产的海底地震仪类型与性能虽各不相同,但其结构组成和工作原理相差不大。以德国产 SEDIS Ⅳ 型短周期自浮式海底地震仪为例(图 5-28),其主体部分包括一个三分量地震仪、深海水听器、数字化记录器、声学应答释放器、无线电发射器、闪光灯和罗经,辅助设备包括电源、沉耦架、传感器、甲板释放单元和 GPS 定位单元等[11-12]。所有仪器都装在被塑料套保护的玻璃球里。其中地震计的主要功能是将接收到的地震波转化为电子信号,然后通过记录仪进行采集和存储。

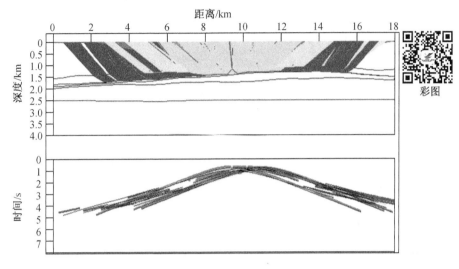

图 5-26 基于 OBS 节点的射线走时反演

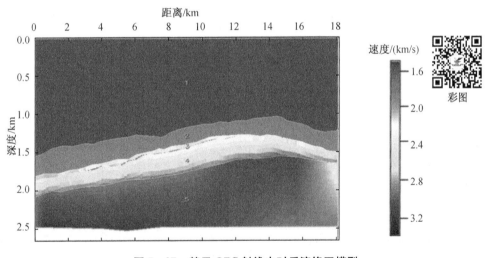

图 5-27 基于 OBS 射线走时反演修正模型

5.3.2.3 海洋垂直缆观测技术

垂直缆地震(vertical cable seismic,VCS)勘探技术利用垂直于海底的载有检波器的电缆进行地震勘探。其采集方式为:电缆底部悬挂重物,沉放到海底,顶部悬挂浮球,浮于海面,检波器等间隔或不等间隔挂载于电缆上。海上实际作业时,震源产生地震波,传播到海底及海底以下地层,遇到地层分界面时产生反射波,悬挂于电缆上的检波器即可接收到反射回来的反射波。该反射波经过处理解释即可用于后续的地质勘探。

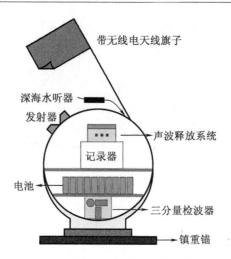

图 5－28　SEDIS IV 型海底地震仪的实体与结构组成示意图

1. 工作原理与方法

海洋拖缆的检波器通常放置在填充有低密度油的电缆中，而垂直缆的检波器则安装在能抗高强度拉力的电缆中，为了减少水流的拉拽，通常在缆上安装整流罩从而在高静水压力下保证缆和检波器间的电路畅通和机械完整性。如图 5－29 所示，由勘探船装载的震源在海面附近激发产生地震波，地震波经过海水的传播后到达海底地层产生的反射波会被垂直缆上的检波器接收，实现了地震数据采集。

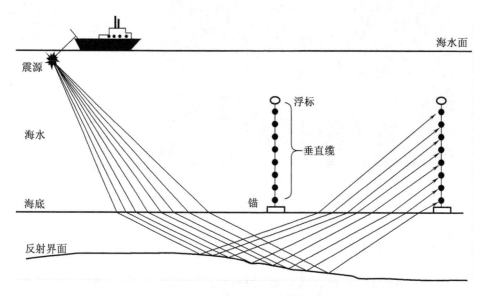

图 5－29　垂直缆探测系统示意图

垂直缆地震勘探相对于常规的海洋拖缆地震勘探具有明显优势：第一，有利于陡倾角地质构造成像。垂直缆地震勘探技术采集时挂载检波器的电缆垂直于海面，其对倾角较大的复杂构造成像具有优势。第二，有利于海底附近地质勘探。垂直缆检波器距离海底附近目标体地层较拖缆检波器更近，信号保真度更高，有利于探测浅层目标体。另外，可通过合理布设震源对复杂地质体进行各个角度勘查。第三,可在钻井平台附近作业。可对钻井平台附近的地下地质构造进行有效勘探。第四,有利于高保真度处理反演。由于垂直缆位于海水中,距离海面有一定距离,因此有利于检波器端的上下行波波场分离,可有效提高后续地震资料的高分辨率处理效果[13]。

尽管垂直缆地震勘探具有上述优点,但也有一些弊端:首先,垂直缆造价昂贵,不适用于大范围勘探;其次,其能够勘探的横向范围与海洋拖缆资料相比较窄。因此,在计划布置垂直缆地震勘探时,成像范围和勘探成本是需要着重考虑的问题。常规拖缆地震勘探、海底地震仪地震勘探、垂直缆地震勘探等多种观测手段相结合,各种技术扬长避短,综合使用,是未来海洋地震勘探的发展趋势。

(1)走时层析反演技术

基于由拖缆数据获取的初始速度模型,利用经过二次定位后的垂直缆共检波点数据体作为约束条件,对初始速度模型进行走时成像法约束修正。修正原则为:利用反射波信息确定反射层的位置、形态;利用折射波信息确定反射层的速度,并对其层间速度进行插值处理。基于垂直缆数据的走时层析反演流程为:

①对垂直缆数据进行预处理(包括二次定位、去噪等处理);

②利用拖缆获取的纵波速度模型作为初始模型;

③基于初始模型,拾取垂直缆数据纵波旅行时,进行纵波速度反演;反演时采取由上到下的顺序,第一层确定后,再反演第二层,依此类推,直至反演出最终的纵波速度-深度模型。

基于VC节点的走时反演如图5-30所示,基于VC节点的模型修正结果如图5-31所示。

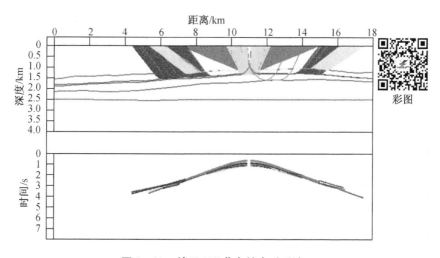

图5-30 基于VC节点的走时反演

(2)全波形反演技术

全波形反演方法是利用叠前地震波场的运动学和动力学信息,重建地下速度结构,具有揭示复杂地质背景下构造与岩性细节信息的潜力。地震照明在地下成像中起着重要作用。更好的图像可以通过优化采集几何形状或引入更高级的地震偏移或涉及照明补偿的射线层析反演方法来得到。垂直电缆勘测具有灵活性和优秀的数据质量,可以代替传统的海洋地震勘测。使用多尺度全波形反演可改善垂直电缆勘测的照明范围。本章节将多尺度全波形反演用于检测海床以下的低速异常(图5-32)。综合结果表明,多尺度全波形反演是一种有效的深水勘探模型构建工具[14]。

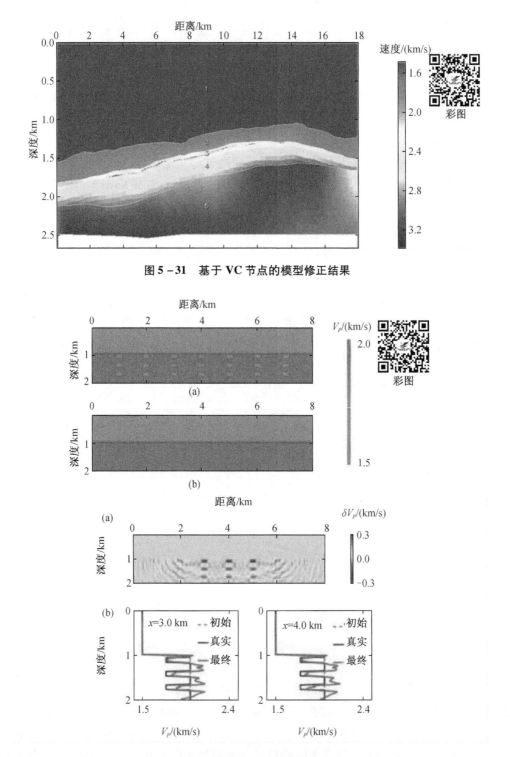

图5-31 基于VC节点的模型修正结果

图5-32 基于垂直缆数据的海底低速异常多尺度全波形反演[8]

2. 主要装备

(1) SIG 5Mille 电火花震源 – 垂直缆系统

SIG 5Mille 电火花震源(图 5 – 33(a)),激发能量 600 J、1 000 J、1 300 J、2 100 J、2 500 J、3 200 J、4 000 J、5 000 J 等 8 个激发能量级别,最小激发间隔随激发能量增大而增大;垂直缆系统电缆耐压、耐拉及耐扭性能良好,自 2 000 m 水深回收后无形变,能够正常传输信号,数字包舱体及配件耐腐蚀性良好。

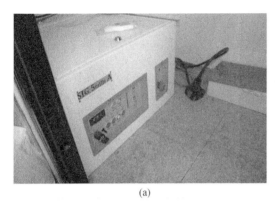
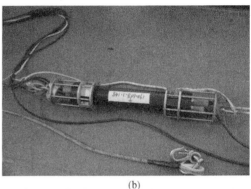

图 5 – 33　SIG 5Mille 电火花震源(a)与电缆数据包(b)

(2) 电动绞车

电动绞车(图 5 – 34)系统采用 PLC 控制,具有简单实用、操作灵活、维修和维护便捷的特点;绞车为无级调速,采用伺服或者变频电动机驱动,可平稳控制收放缆,并能对收/放缆进行微动控制,并配有自动排缆器。

图 5 – 34　电动绞车

5.3.3　应用案例

本节以神狐海域水合物立体探测研究作为深部底层探测研究案例。

5.3.3.1 工区概况

2015年6月广州海洋局在神狐海域搭载奋斗四号船和探宝号船进行立体探测综合采集海上试验。利用单源单缆海洋水平拖缆、OBS和VC对目标区进行联合采集,共布设OBS站位11个,VC 2套,完成多道地震测量24条测线,共369.7 km。

海面水平拖缆采用单边放炮单边接收观测系统,360道覆盖次数为45次。15个OBS分为三组,每5个依次排布海底进行采集(图5-35,由于数据质量原因,本章节只利用了第一组中4个OBS站点数据),间距为500m;VC为自制的OBS锚系系统。OBS锚系系统由3个OBS串接而成,OBS相当于VC中的一个节点,间距25 m。OBS上方挂有浮球,下方挂载水泥重块,水泥重块能确保VC顺利沉入海底。

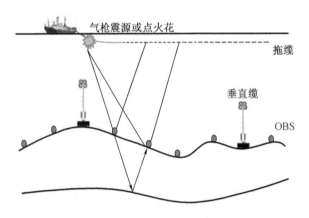

图5-35 拖缆、OBS、VC布设实验原理图

5.3.3.2 仪器设备

1. 地震震源系统

震源:震源是4条G.I枪组成的总容量为540 Cu. in.的相干枪阵。

气枪控制器:气枪控制器为新加坡Seamap公司生产的GunLink2000气枪同步控制器。硬件系统主要包括Host Computer(主机)、GCU(气枪控制单元)、TCU(时序控制单元),Operator Station(操作台)和Network Switch(网络集线器)。它是基于Linux操作系统,通过GunLink2000系统软件,由控制器本身输出触发信号或由外部信号控制它输出触发信号,对震源阵列中的各条枪进行同步激发,并监视其同步情况及记录输出。

2. 地震接收系统

电缆:电缆为法国Sercel公司的Seal型24位数字电缆。每段电缆长度为150 m,具有24道地震道,电缆道灵敏度为20μV/μbar(开环)。作业时使用360道Seal数字电缆。电缆由以下单元组成:前导段(Lead-in)、短头部弹性段(SHS)、头部数据包(HAU)、头部弹性段(HESE)、头部弹性段适配器(HESA)、工作段(ALS)、中继数据包(LAUM)、尾部数据包(TAPU)、尾部弹性段(TES)、尾部铠装段(STIC)、RGPS尾标船。

电缆深度控制系统:由PCS水鸟控制系统、5011E出口型罗盘组成。

3. 海底地震仪

MicrObs：由法国海洋研究院(Ifremer)于20世纪90年代中期研发，首先应用于大洋地壳结构的研究中。经过不断改进，于2002年成功应用于欧盟水合物调查委员会(HYDRATECH)组织的挪威大陆边缘斯瓦尔巴特滑塌区(STOREGGA SLIDE)的水合物研究中，并取得成功。主要技术性能指标如下：具有三个速度计通道(陆检)，一个水听器通道；速度检波器频带可达到 4~250 Hz；最高采样率 1 ms；为了满足天然气水合物调查，速度检波器型号为 SG-10，响应频率较高。

4. 垂直缆

垂直缆：垂直缆为中国海洋大学自制的OBS锚系系统。OBS锚系系统由2个或3个OBS串接在锚系系统上组成，OBS相当于垂直缆中的一个节点，OBS间距25 m。OBS上方挂有浮球，下方挂载水泥重块，水泥重块能确保垂直缆顺利沉入海底，水泥重块与OBS之间设置两台声学释放器，以双保险形式确保垂直缆与水泥重块分离，从而使垂直缆自动上浮至水面，确保垂直缆的回收(图5-36)。

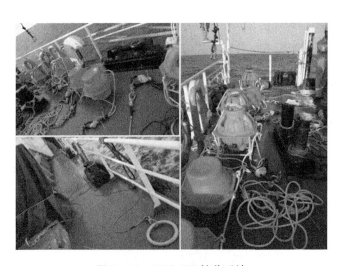

图 5-36　OBS、VC 接收系统

5.3.3.3　数据成果

立体探测综合采集到三类数据：拖缆数据、OBS数据、垂直缆数据。拖缆、OBS已在实际生产中应用，数据质量高。本章节以炮集为例对三类数据进行了质量评价，分析了数据的信噪比、频带范围以及对反射层的反映效果。

对OBS_01数据体的垂直分量分别进行高频和低频扫描，扫描结果显示数据低频可至2 Hz，高频可至1 000 Hz。结合图5-37(a)的时频分析结果，400 Hz以上有效信号能量较小，信噪比逐渐降低，同理，低频端30 Hz以下的数据频带很不平滑并存在许多毛刺，为低频噪声导致。综合数据特征和研究目的，用带通滤波器30-40-400-450对数据进行了滤波处理。同理，对VC数据(图5-38)和水平拖缆数据(图5-39)也进行了扫描分析和带通滤波。

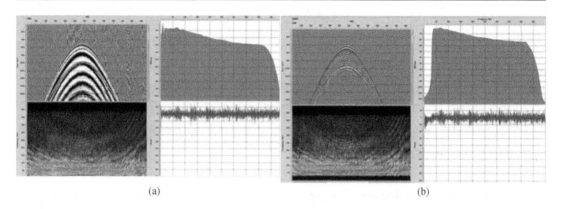

图 5-37　OBS_01 垂直分量的原始数据(a)与 OBS_01 带通滤波后数据(b)

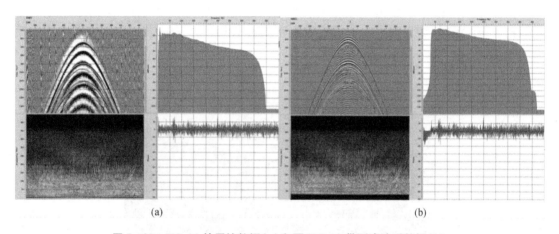

图 5-38　VC_01 的原始数据(a)和图 VC_02 带通滤波后数据(b)

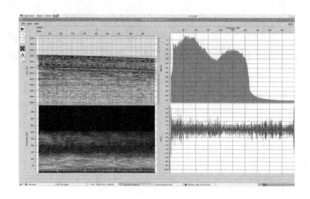

图 5-39　水平拖缆带通滤波后数据

由于 OBS 直接沉放在海底,其接收的直达波和海底表层反射所得的反射波有一定的干涉效应(图 5-40)。此外,OBS 的水平分量和垂直分量之间存在一定差异,信号垂直分量的水合物储层底(BSR)反射较清晰(图 5-41),而信号水平分量的 BSR 效应微弱(图 5-40)。VC_01 接收信号的直达波与海底一次反射波能清晰分开,水合物储层 BSR 效应也很明显(图 5-42)。水平拖缆数据的海底一次反射可清晰分辨,水合物储层的 BSR 效应也有较强的显示(图 5-43)。

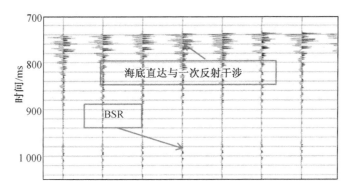

图 5-40　OBS 信号水平分量

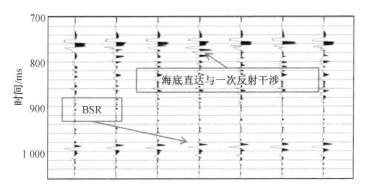

图 5-41　OBS 信号垂直分量

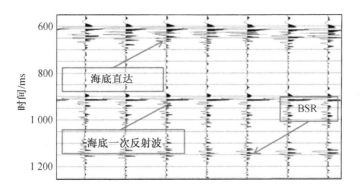

图 5-42　VC_1 接收信号

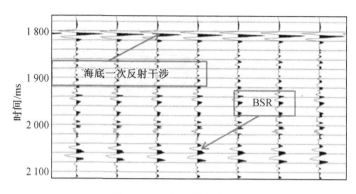

图 5-43 水平拖缆接收信号

5.4 地声观测技术

5.4.1 基本概念

地声学是一门研究海底沉积物声学特性的学科,也是一门用声学方法研究海底沉积物地学特性的学科,这两个方面体现了声学和地学研究之间的相互渗透和相互促进[15]。在研究海底声学特性问题上,地声探测和海洋地震勘探有所不同,后者主要关心的是海底深层的地质构造,关心地层在水平和垂直方向上大尺度的变化;前者则关心海底浅表层(从水-底交界面到数十米地层内)沉积物的精细地质构造、地质属性,以及沉积物迁移的动力过程等问题。从探测所使用的声波频率上看,地震勘探使用频率为数十赫或更低频的声波;地声探测使用数百到数千赫频率的声波(中、浅层的地质勘查)、数十到数百千赫的声波(海底的地形和地貌测量)以至数百千赫至数兆赫频率的声波(沉积迁移问题的研究)。

5.4.2 原理、方法与装备

5.4.2.1 声学遥测方法

1. 浅地层剖面探测方法

海洋浅地层剖面探测是一种基于水声学原理的连续走航式探测水下浅层地层结构和构造的海洋声学探测方法[17-18]。利用声学发射换能器以不同频率(一般工作频段为 100 Hz ~ 10 kHz)的声波脉冲向海底发射,遇到海水和沉积层中声阻抗界面,反射回波信号。通过分析接收换能器获取的来自不同底质层界面声波信号的特点,获得海底浅地层的底质结构分布[19]。浅地层剖面探测地层分辨率一般为数十厘米,在测量航道海底浮泥厚度、海底管线巡检和海上钻井平台基岩深度勘测方面具有较高的工程应用价值[20-21]。从作业方式来看,浅地层剖面仪主要以船载方式为主,脉冲信号穿透海水的过程中,信号存在吸收和衰减的现象,且多次波效应也影响了其对海底地层的探测与成像。随着海底作业载体的不断出现,目前国内外相关机构也逐步研发了基于 ROV 和 AUV 的浅剖换能器,并取得了良好的应用效果[20],有望成为海底边界层特性参数测量与高精度成像的关键技术手段之一。

2. 多波束声呐探测方法

多波束声呐探测方法起源于 20 世纪 50 年代的美国 Woods Hole 研究中心,是主要针对海床深度进行大面积连续观测的重要手段。多波束声呐(工作频率一般为 200~400 kHz)通过在一定空间范围内同时形成多个波束,获取多个波道的信息,实现对海边界层的声学遥测[22]。多波束声呐发射声波具有频率高、功率小的特点,声波可穿透海底床表数厘米,因此多波束系统适用于海底床表沉积物以及近海底边界层流体活动的探测[24]。利用多波束获取的基础数据,可对海底沉积物进行分类[25],分类方法主要有 3 种,即:基于多波束回波信号统计特性的沉积物分类;基于多波束系统采集的回波强度声呐图像的沉积物分类;基于多波束反向散射数据的海底底质分类。目前多波束声呐国产装备主要为浅水型,最大量程通常在 600 m 以内,对深水型多波束声呐目前依然处于技术攻关阶段。此外,多波束声呐系统重点关注海底地形特征参数的测量,一般不直接用于底质内部特性信息的测量。

3. 侧扫声呐探测方法

侧扫声呐最早出现在 20 世纪 50 年代,是利用回声测深原理探测海底地貌和水下物体的设备。拖鱼双侧均悬挂具有一定指向性的声学换能器,规避左右舷模糊问题。换能器在沿航迹向具有较窄的波束宽度,以期得到较高的航迹向分辨能力,沿水平向覆盖范围较宽,用以增大其有效覆盖范围[26]。侧扫声呐的工作频率,通常为几万赫到几十万赫,对海床的成像分辨率较高,可适应复杂的海底环境,被广泛应用于海洋测绘和海洋地质调查。侧扫声呐的海底声呐图像可以显示出地质形态构造和底质的宏观分类,并且通过数据处理技术可以从声呐图像及回波特征得到海底表层沉积物的类型及分布范围。侧扫声呐仪器的作用距离一般为 300~600 m,对海底沉积物特性具有一定的辨识能力,适合水下障碍目标的探测与搜寻,对海底沉积物特性参数与类型无法直接进行测量与判识。

5.4.2.2 原位测量方法

海底表层底质声学原位测量原理按照声波在收发换能器之间的传播方式的不同分为两种,即透射式和折射式。其中,基于透射式的海底表层底质原位声学测量,声波在收发换能器之间的海底沉积物中直接传播;基于折射式的海底原位声学测量,声波在海水和沉积物界面发生折射后,在收发换能器之间的海底沉积物中传播(图 5-44)。二者显著区别在于发射换能器是否在沉积物中发射声波。透射式和折射式两种测量原理均可以测得沉积物中的声速和声速衰减,并可通过沉积物的声速和声衰减特性反演海底沉积物的类型。

1. 美国"声学长矛"系统

1996 年,美国夏威夷大学研制了海底沉积物声学原位测量系统——"声学长矛"系统[27-29]。该系统主要包括机械部分和电子部分,机械部分主要由配重装置(weight)、机械启动装置(mechanical trigger)、启动配重装置(trigger weight)等部分组成,电子部分主要包括电源、发射单元、接收单元和记录单元等几部分(图 5-45)。8 个接收换能器等间距地安装在取样管上,发射换能器和数据采集单元置于取样器的顶端,取样管总长为 3.5 m。发射采用单频发射,中心发射频率为 16 kHz,接收频率范围为 5 kHz ~ 20 kHz。

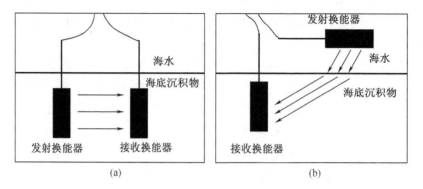

图 5-44　透射式测量原理(a)与折射式测量原理(b)示意图

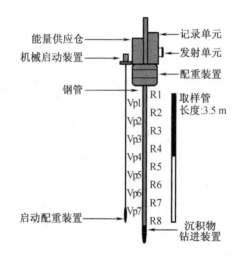

图 5-45　美国夏威夷大学的"声学长矛"系统

2. 欧洲 SAPPA 系统

20 世纪 90 年代中期,由欧洲海洋科学与技术计划委员会和英国 Geotech 公司联合开发了 SAPPA(Sediment Acoustic & Physical Properties Apparatus)——海底沉积物声学与土工特性原位测量系统[30-32](图 5-46)。该系统可在海底测量沉积物纵横波声速和衰减、渗透系数和土力学等参数。沉积物探测深度为海底以下 1.3 m,可适用于小于 6 000 m 水深的海域。

3. 美国海军 ISSAMS 系统

美国海军研究办公室(ONP)在 20 世纪 90 年代中期研制出一种现场沉积物声学测量系统 ISSAMS(In Situ Sediment Acoustic Measurement System)[30-36]。该系统包括 4 个探针,均可作为发射探针也可作为接收探针(图 5-47)。该系统采用压缩波传感器和剪切波传感器,组成单发多收及多发多收阵列形式,能够同时测量横向沉积物中的压缩波(纵波)和剪切波(横波),压缩波测量的主频率为 60 kHz,剪切波工作频率范围是 250 ~ 1 500 Hz,探针可利用液压驱动装置插入海底沉积物,插入深度为 30 cm。该系统不仅可以测量沉积物的声速,同时可以测量沉积物的电阻率和抗剪强度。

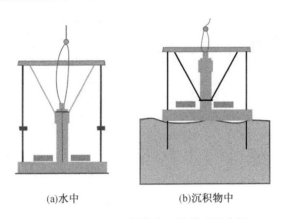

图 5-46 SAPPA 结构和工作模式示意图

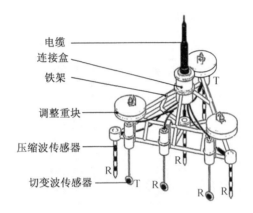

图 5-47 ISSAMS 结构示意图

4. 美国 New Hampshire 大学 ISSAP 系统

美国 New Hampshire 大学海洋海岸带测绘中心在 20 世纪 90 年代末研制了 ISSAP(In-situ Sound Speed and Attenuation Probe)原位声速、衰减测量探针[37-40]。ISSAP 系统安装有 4 个直径探头,呈方形排列(图 5-48),探头距离 20~30 cm,最大可插入沉积层 15 cm。测量时,测量平台在外围三脚架的保护下与同轴电缆自由降落,可使探针垂直或以小偏角插入沉积物。通过处理这些检波器记录的波形数据可以得到纵波的波速和衰减系数。另外,ISSAP 平台上安装有两个电阻率探头。测量平台上装有摄像机、探照灯及一个 50 kHz 的测高仪,监控测量平台距海底的高度、温度、压强及侧摆等参数,并且可以控制测量平台的方向和稳定性。

5. 美国得克萨斯大学 ISSAMS 系统

美国得克萨斯大学研制了与 ISSAMS 设计原理相似的原位测量系统(图 5-49),测量频率横波 200 Hz~1 kHz,纵波 5 kHz~100 kHz。该仪器测量的沉积物深度为海底表面以下 0.3 m。该系统的探头间距在测量工作前可根据需求调整,能够对海底沉积物压缩波速、剪切波速和声衰减进行原位测量。该系统已在柯里塔克的松德海峡实验测试。

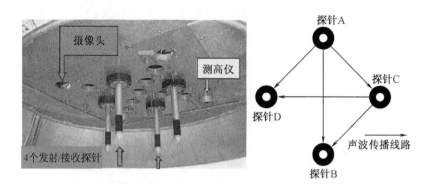

图 5-48 ISSAP 结构及测量线路示意图

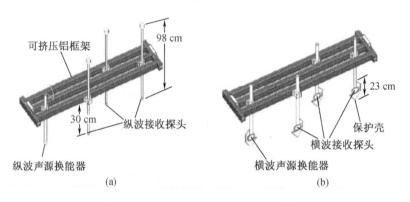

图 5-49 可挤压铝框架和纵波(a)、横波(b)探头位置示意图

6. 中国的声学原位测量系统

国内对海底沉积物声学特性的研究主要依靠海底沉积物取样测量分析。原国家海洋局第三海洋研究所曾在 20 世纪 80 年代进行过声学原位测试试验研究,后来相关研究工作中断。进入 21 世纪后,在国家 863 计划的支持下,国内多家涉海研究机构进行了声学原位测量技术的研究。

阚光明等人于 2009 年研发基于液压驱动插入的自容式海底沉积声学原位测量系统(HISAMS)[41](图 5-50),系统采用的是一发三收式声学换能器阵列(不同工作频段),工作频率范围为 25~100 kHz,步长为 5 kHz,可以发射矩形脉冲和正弦信号,沉积物测量深度为海底表面以下 1 m,最大工作海域深度为 500 m,测量横向沉积物压缩波声传播特性。该系统通过液压驱动声学探针插入海底,此方式相比于依靠重力插入对海底沉积物的扰动要小,但存在一定的稳定性问题。该系统 2009 年应用于南黄海中部,通过后续对系统改进优化,于 2015 年 10 月完成系统优化,测量深度增至 1.4 m,工作水深最大可达 3 000 m,实现自动测量、实时控制可切换等功能,同年在青岛胶州湾进行实验测试。

在国家 863 计划的支持下,中国科学院海洋研究所开展了海底声学原位测量技术研究,提出了海底表层沉积物声参数原位测量的新方法,据此研制了海底表层沉积物声学参数原位测量系统,并利用样机进行了相关测量试验[42-44]。后来此测量系统在海洋公益性行业科研项目的支持下进行改进、产品开发和推广使用。该测量系统具有结构简单、操作快捷方便的优点,能在测量过程中实时监控显示声波波形,最突出的性能是能够在海底连续拖动测量。该套测量系统分别在青岛近海和东海冲绳海槽海区进行了有关测量试验研究。目前,中科院海洋所正在与哈尔滨工程大学开展合作,以进一步提高海底声学探测设备的测量精度与调查效率,并研制海底取样与声学原位测量一体化的设备(图5-51)。

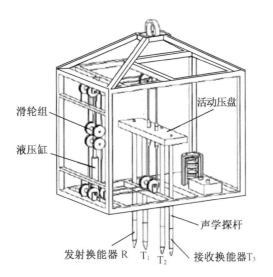

图 5-50 HISAMS 系统结构示意图[42]

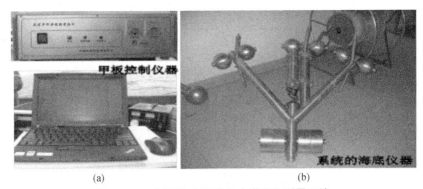

图 5-51 新型海底沉积物声学原位测量系统

参 考 文 献

[1] 黄贤源. 多波束测深数据质量控制方法研究[D]. 郑州:中国人民解放军信息工程大学, 2011.

[2] 李海森,周天,徐超. 多波束测深声纳技术研究新进展[J]. 声学技术, 2013(2): 73-80.

[3] 李振,彭华,姜景捷,等. 侧扫声纳在琼州海峡跨海通道地壳稳定性调查中的应用[J]. 地质力学学报. 2018, 24(02): 244-252.

[4] 李平,杜军. 浅地层剖面探测综述[J]. 海洋通报. 2011, 30(03): 344-350.

[5] 刘保华,丁继胜,裴彦良,等. 海洋地球物理探测技术及其在近海工程中的应用[J].

海洋科学进展,2005,23(3):374-384.

[6] 谢源. 浅地层剖面仪在南日岛海上风电场勘察中的应用[J]. 工程勘察,2017(增刊2):347-351.

[7] 陆基孟. 地震勘探原理[M]. 东营:石油大学出版社,1993:164-172.

[8] 李鹏,刘伊克,常旭,等. 多次波问题的研究进展[J]. 地球物理学进展,2002,21(3):888-897.

[9] 裴彦良,赵月霞,刘保华,等. 近海高分辨率多道地震拖缆系统及其在海洋工程中的应用[J]. 地球物理学进展,2010,25(1):331-336.

[10] 李庆忠. 走向精确勘探的道路:高分辨率地震勘探系统工程剖析[M]. 北京:石油工业出版社,1993:12-30.

[11] 郝天珧,游庆瑜. 国产海底地震仪研制现状及其在海底结构探测中的应用[C]// 中国科学院地质与地球物理研究所第11届(2011年度)学术年会论文集(下). 地球物理学报,2011,54(12):3352-3361.

[12] 牛雄伟,阮爱国,吴振利,等. 海底地震仪实用技术探讨[J]. 地球物理学进展,2014,29(3):1418-1425.

[13] 王祥春,赵庆献,伍忠良. 海洋垂直缆地震勘探技术[N]. 中国矿业报,2018-9-28(A8).

[14] BIAN A F, ZOU Z H, ZHOU H W, et al. Evaluation of Multi-Scale Full Waveform Inversion with Marine Vertical Cable Data[J]. Journal of Earth Science,2015,26(4):481-486.

[15] 张叔英. 地声学:一门研究海底的重要学科[J]. 物理,1997(5):26-31.

[16] 李佳蔚,贾雨晴,鹿力成,等. 利用气枪声源数据的地声参数反演[J]. 应用声学,2019(3):1-8.

[17] 潘国富. 浅层地震声学剖面的声地层学解释[J]. 海洋地质与第四纪地质,1991,11(1):93-104.

[18] 李冬,刘雷,张永合. 海洋侧扫声呐探测技术的发展及应用[J]. 港口经济,2017(6):56-58.

[19] 李一保,张玉芬,刘玉兰. 浅地层剖面仪在海洋工程中的应用[J]. 工程地球物理学报,2007,4(1):4-8.

[20] 胡梦涛,李太春,廖荣发,等. 参量阵浅剖探测技术在海底管线探测中的应用[J]. 海洋测绘,2019,39(5):30-34.

[21] 李平,杜军. 浅地层剖面探测综述[J]. 海洋通报,2011(3):107-113.

[22] 穆仁国. 浅水多波束测深侧扫系统研究[D]. 哈尔滨:哈尔滨工程大学,2008.

[23] 徐超. 多波束测深声呐海底底质分类技术研究[D]. 哈尔滨:哈尔滨工程大学,2014.

[24] 刘晓. 基于多波束测深声呐的成像技术研究[D]. 哈尔滨:哈尔滨工程大学,2012.

[25] 张桐,吴继峰,杨森林,等. 多波束声呐图像的补偿及其与地形数据的融合[J]. 舰船电子工程,2014,34(9):140-142.

[26] 李海森,周天,么彬,等. 超宽覆盖多波束测深侧扫声纳装置:CN200710144563.8

[P]. 2008 – 03 – 26.

[27] FU S S, WILKENS R H, FRAZER L N. Acoustic lance: New in situ seafloor velocity profiles [J]. The Journal of the Acoustical Society of America, 1996, 99(1): 234.

[28] FU S S, WILKENS R H, FRAZER L N. In situ velocity profiles in gassy sediments: kiel bay [J]. Geo-Marine Letters, 1996, 16(3): 249 – 253.

[29] FU S S, TAO C, PRASAD M, et al. Acoustic properties of coral sands, Waikiki, Hawaii [J]. Journal of the Acoustical Society of America, 2004, 115(5): 2013 – 2020.

[30] BEST A I, GUNN D E. Calibration of marine sediment core loggers for quantitative acoustic impedance studies [J]. Marine Geology, 1999, 160(1): 137 – 146.

[31] BEST A I, Tidal height and frequency dependence of acoustic velocity and attenuation in shallow gassy marine sediments [J]. Journal of Geophysical Research, 2004, 109(B8): B08101.

[32] BEST A I, JEREMY S, CLIVE M. A laboratory study of seismic velocity and attenuation anisotropy in near-surface sedimentary rocks [J]. Geophysical Prospecting, 2007, 55(5): 609 – 625.

[33] BUCKINGHAM M J, RICHARDSON M D. On Tone-Burst Measurements of Sound Speed and Attenuation in Sandy Marine Sediment [J]. IEEE Journal of Oceanic Engineering, 2002, 27(3): 429 – 453.

[34] RICHARDSON M D, BRIGGS K B. In-situ and laboratory geo-acoustic measurements in soft mud and hard-packed sand sediments: Implications for high-frequency acoustic propagation and scattering [J]. Geo-Marine Letters, 1996, 16(3): 196 – 203.

[35] RICHARDSON M D, LAVOIEA D L, BRIGGS K B. Geoacoustic and physical properties of carbonate sediments of the Lower Florida Keys [J]. Geo-Marine Letters, 1997, 17(4): 316 – 324.

[36] WILKENS R H, RICHARDSON M D. The influence of gas bubbles on sediment acoustic properties: in situ, laboratory, and theoretical results from Eckernförde Bay, Baltic Sea [J]. Continental Shelf Research, 1998, 18(14/15): 1859 – 1892.

[37] KRAFT B J, MAYER L A, SIMPKIN P, et al. Calculation of in situ acoustic wave properties in marine sediments [M]//PACE N G, JENSEN F B. Impact of littoral environmental variability on acoustic predictions and sonar performance. Amsterdam: Kluwer Academic Publishers, 2002: 123 – 130.

[38] FONSECA L, MAYER L. Remote estimation of surficial seafloor properties through the application Angular Range Analysis to multibeam sonar data [J]. Marine Geophysics, 2007(28): 119 – 126.

[39] MAYER L A, KRAFT B J, LAVOIE P, et al. In-situ determination of the variability of seafloor acoustic properties: an example from the geoclutter area [M]//PACE N G, JENSEN F B. Impact of littoral environmental variability of acoustic predictions and sonar performance. Amsterdam: Kluwer Academic Publishers, 2002: 115 – 122.

[40] 阚光明,刘保华,韩国忠,等.原位测量技术在黄海沉积声学调查中的应用[J].海洋

学报,2010,32(3):88-94.

[41] 郭常升,窦玉坛,谷明峰.海底底质声学特性原位测量技术研究[J].海洋科学,2007,31(8):6-10.

[42] 郭常升,李会银,成向阳,等.海底底质声学参数测量系统设计[J].海洋科学,2009,33(12):73-78.

[43] 王景强,郭常升,李会银,等.声学原位测量系统在胶州湾的测量试验研究[J].中国海洋大学学报,2013,43(3):75-80.

第6章 海洋生物生境声学调查技术及其应用

6.1 海洋生物声学调查

海洋生物是生物多样性的重要组成部分,并且正在成为人类日益增加的一种食物来源。据联合国粮食及农业组织的统计数据显示,海洋生物(鱼类)为全球近半数的人提供了接近20%的蛋白质摄入量。然而人类的过度捕捞和日益复杂的全球气候变化正在使海洋生态系统经历着不可逆转的变化。为此,近年来我们国家的法律和国际法纷纷将目光投向了海洋生态系统的调查和管理。本章将重点介绍与海洋生物生境声学调查相关的基本概念、原理、方法及应用案例。

6.1.1 基本概念

海洋生物是海洋有机物质的生产者,广泛参与海洋中的物质循环和能量交换,对其他海洋环境要素有着重要的影响。海洋生物调查的主要目的是为海洋生物资源的合理开发利用、海洋环境保护、国防及海上工程设施和科学研究提供基本资料。海洋生物调查的任务是调查海区的生物种类、数量分布和变化规律。海洋生物调查的主要内容有叶绿素、初级生产力、海洋微生物、浮游生物、底栖生物、潮间带生物、污损生物和游泳生物。对应于上述调查内容,海洋生物调查方式包括分层采水、拖网作业和底质采泥。随着海洋生物资源需求量的快速增长和调查精度要求的提高,传统的、低效率的海洋生物调查手段已经不能满足需求。海洋生物资源的声学调查(评估)方法采用走航式回声定位技术,可沿调查航线对表层盲区和底层盲区之外全水层的鱼类分布及其生物量进行三维定量调查研究,具有快捷、准确、取样率大等优点。

个体大小方面,不同海洋生物的体量相差几个数量级,例如小型浮游动物小至几微米,而蓝鲸大到接近两百吨。生活习性方面,海洋哺乳动物喜欢独居或小群体生活,而其他小型鱼类如凤尾鱼,常常聚成具有数百万规模的大型聚集体。从海洋生物声学探测角度来说,一些体格足够大的动物在声学影像上呈现为点状目标,而小型动物只有在组成集群时才能被探测到,此时声学图像上呈现为延展性目标。对于某些海洋生物而言,大部分散射来自自身的鳔,且散射强度将随深度和生物行为的变化而变化。另外,其他动物的散射可能来自身体或者身体的某一部分,这种情况下,接收到的声散射强度将取决于生物体与声呐之间的相对方位。

6.1.1.1 深部声散射层

深部声散射层(Deep scattering layer,DSL)是海表面一定深度下普遍存在的由多种浮游动物和鱼类聚集而成并对声波有较强散射作用的水平层。在主动声呐探测器的回波影像中深部散射层呈水平带状分布且成一定规模,厚度一般在200~400 m,该层的声散射强度明显高于临近水深的声散射强度,有时同一海域会同时存在不同水深的散射层现象而呈多层结构。多数浮游动物和鱼类对光线较为敏感,它们一般都有着昼降夜升的生活习性,这就导致了深部散射层存在垂直迁移现象,但是迁移现象并不是散射层整体垂直迁移,而是其中一部分随时间变化发生有规律的上浮和下沉。散射层发生迁移后其声散射强度也会随之发生一定的变化,一般散射层白天的声散射强度会小于晚上的声散射强度,在声学仪器的回波影像中可以很明显地看到其变化过程,如图6-1所示。

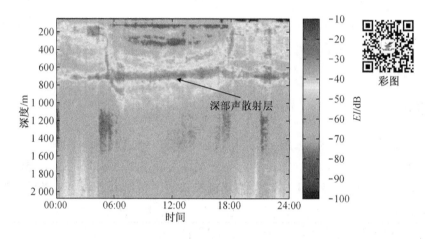

图6-1 深部声散射层

6.1.1.2 浅层声散射层

海洋的近表面区域也有大量的长期存在的散射体,同时该区域也是受表面波影响最大的区域,该层被称为浅层声散射层。这些"永久性"的散射体既有生物成因的,也有物理成因的。实验结果表明,浅层声散射层中的生物散射体主要属于节肢动物门,桡足动物亚纲,它们的长度约为几毫米,研究它们需要使用数百千赫的高频声波。海洋的上层中除了有浮游动物或鱼体内的气泡能够产生声散射之外,水体中的气体也能引起显著的声散射效应。这些气泡可能是浮游动物或鱼类释放出来的气体、植物光合作用的产物、碎浪、宇宙射线或者物质腐烂的结果。

6.1.2 原理、方法与装备

从海洋生物声散射的角度来看,海洋生物可根据其大小和声学特征分为四大类:

(1) 桡足类,浮游动物(小型或大型浮游)和小型甲壳类动物(如磷虾等磷虾类)——这几类动物体型非常小,通常以大集群的形式出现,所需的探测声波频率很高;

(2) 带有鱼鳔的鱼(例如鲱鱼或鳕鱼),鱼鳔可以形成多达90%的反向散射;

(3) 没有鱼鳔的鱼(例如大西洋鲭鱼),其身体将是散射的主要因素;

(4) 较大的鱼类和海洋哺乳动物(海豹、海豚和鲸鱼),其散射主要取决于身体、体形和最大内部器官(充满气体的肺)的综合效应。

6.1.2.1 浮游动物声散射

"浮游动物"一词涵盖了许多小型海洋生物,包括两栖类、真甲壳类(磷虾)、桡足类、甲壳纲动物或鱼类的大多数幼虫。这些不同的生命形式是海洋生态系统的关键组成部分,它们是大多数海洋食物网的基础。所有浮游动物物种都已进化出能够适应水中漂浮的形体结构,如扁平状、油滴状或浮子状。浮游动物白天会迁移到较深的水层,晚上会游上来,这种活动方式会随着观测区域、季节和浮游动物种类的不同产生很大变化。

浮游动物形状和大小各异,因此研究它们的声学特性必须将其简化为简单的形式,比如可以将其简化为充满液体的球体或圆柱体,这样就可以用亥姆霍兹霍夫散射公式来表示。在探测弱散射浮游动物时,这种简化对所有探测频率、浮游动物个体大小和入射方位都是有效的。

一些浮游动物,如虹吸虫,通常有带气体包裹的凝胶状体,这意味着它们的大部分散射将受到气体(通常是一氧化碳)的影响。浮游动物在海洋中的散射值通常非常小,单个动物的散射值为 90~140 dB。当它们形成更大、更密集的聚合体时,它们将变得可见,此时可能形成深部声散射层。

6.1.2.2 鱼鳔声散射

超过80%的鱼类都有鱼鳔,里面充满了气体(通常是氧气、微量的氮和二氧化碳)。鱼鳔的主要作用是保持鱼的浮力和控制力。由于声阻抗的差异,鱼鳔贡献的散射强度通常占到个体散射总强度的90%。在 1~25 kHz 之间的声散射,通常是由鱼鳔的共振导致的。虽然鱼鳔形状各异,但都可以等效球体来近似。鱼的声散射强度一般较小(30~60 dB),而共振鱼鳔的存在可以使这些强度增加 10~15 dB。

目前,海洋生物学家识别出的有鳔鱼类主要分为三种:

(1) 闭鳔鱼类,如鳕鱼有封闭的鱼鳔,易受压力变化的影响;这些变化有时是缓慢的(例如,鳕鱼下沉 20 m 需要 1~2 天)。

(2) 通鳔鱼类,如鲱鱼,其鱼鳔与消化道相连,这意味着任何多余的压力都会通过消化道排出体外;这种适应性是许多集群性鱼类的典型特征。

(3) 深水鱼,比如橙色罗非鱼,它们的鱼鳔里装满了密度比较低的油或脂肪组织,因此在相同体积下目标强度会降低(图 6-2)。

因此,在计算特定鱼类的目标强度时,应当将鱼鳔形状、大小和组成变化对散射强度的影响考虑在内。另外，当使用频率与鱼鳔的谐振频率相差较大，或者当鱼类相对于声呐的方位发生变化时，可能出现鱼类身体的其他部分的散射强度大于鱼鳔散射强度的情况，而且当不同种类的鱼同时出现时，这一问题会加剧。

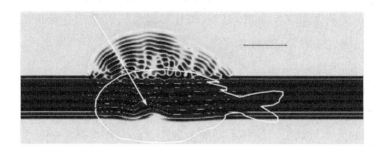

图6-2 橙色罗非鱼声散射的数值模拟（鱼鳔中充满蜡酯，反射不强）

6.1.2.3 鱼体声散射

鱼鳔只占鱼身的一小部分（约5%），但它们可以对鱼身的声散射特性做出很大贡献，这一特性会随着成像频率的不同而变化。随着频率的增加，波长将更接近鱼身的尺寸。数据研究表明，鱼鳔对声散射强度的贡献并不总是最主要的，在分析鱼类声散射强度时，鱼的形态、成像方位和鱼的生活习性等信息也同样重要。

观察表明，不同类的鱼，甚至有时是在不同条件下的同一类鱼的声散射强度并不随频率线性变化。有学者研究了大西洋鲭鱼的声散射，他们模拟了变形圆柱体模型在不同变化情况下鱼的肉体和脊椎骨的声散射特性，解释鱼散射的指向性模式以及不同频率下的共振和反共振峰。同时他们还发现了一个有趣的现象，由于通鳔鱼的鱼鳔随深度增加而变小，在某一时刻，它对散射的贡献将变得足够低，届时它们的声散射强度将主要受到个体形态和成像方位的影响。

6.1.2.4 大型海洋动物声散射

在过去的几十年里，海洋哺乳动物得到了广泛的研究。它们涵盖了近130种不同的物种，大小从不足1 m（幼年海豹）到30 m（蓝鲸）不等。这些动物体型相对于声波波长而言显得较为庞大，它们的散射特征研究包括许多方面：

- 由于肉或脂肪的存在，声波在穿透这些肉或脂肪时会发生衰减；
- 大骨骼会影响声散射，而且会诱发横波；
- 肺或胃等充满气体或液体的内脏器官，会导致明显的声波反射不连续。

通常动物的形态（圆的、细长的，包括外部附属物）都会影响声散射强度，这取决于动物与成像声呐的相对方位。波束是来自侧面、头部还是尾巴？这些影响声波散射的复杂因素连同动物所表现出的各种各样的行为（例如鲸类的突发性攻击和海豚的群捕行为）共同影响着海洋哺乳动物的声散射特性。

大型动物的散射特征试验研究已经在开阔水域、水箱、游泳池进行过多次。这些试验有的针对的是野生动物,有的则针对驯养的动物,有的甚至用的是动物的尸体。随着试验的不断积累,研究结果指向了某些共同的特征——声散射特性与动物相对于声呐的方位、个体形态以及静水压力的影响有关。当动物的宽体部位朝向声呐时,声散射强度较大;当尾巴等部位朝向声呐时散射强度较小;声散射强度向尾部方向比向头部方向衰减更快,对海豚、长须鲸、灰鲸、座头鲸和虎鲸的研究得到了类似的结果。

6.1.3 应用案例

本书选用马燕芹与司纪锋的研究结果[1]作为海洋生物声学调查的研究案例,具体如下:

(1) 调查区域及调查方法

为了研究黄海近海鱼类活动规律,中国科学院声学研究所北海研究站采用自主研制的科研型鱼探仪于 2015 年 11 月 22 日至 12 月 5 日对调查海域的鱼类活动进行了首次声学调查,统计分析鱼类活动规律。调查人员在调查海域布放 4 套探鱼仪设备(图 6-3)对鱼类进行定点长时间监测,并将采集到的鱼类回波数据利用水声技术进行分析和处理,得到调查海域单体鱼类目标强度在垂直方向上的分布、鱼类目标强度大小的分布,以及鱼类在不同水层和不同时间段的活动情况。

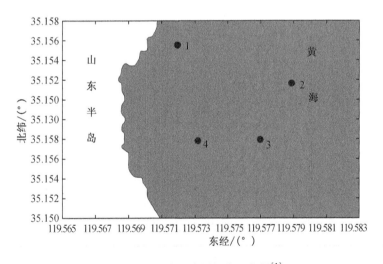

图 6-3　渔业资源调查区位置[1]

(2) 调查结果

通过对图 6-3 中的 4 个监测点的回波数据采用上述声学处理方法,统计出鱼类目标强度的平均分布情况。图 6-4 为试验采集到的多次回波的回波强度分布情况。由图可知,该海域冬季鱼类的目标强度分布在水面至水底整个水层,主要集中于水下 4~10 m,处于浅水层的鱼类目标强度较小,随着水深的增加,目标强度增大但目标个数减少。

对监测到的鱼类目标回波强度分布情况,按 1 dB 为单位统计得到目标强度大小的分布情况。图 6-5 为不同鱼类目标强度的分布情况。

由调查结果可知,冬季黄海近海调查海域的鱼类目标强度分布在 -60 ~ -25 dB,并且主要集中在 -49 ~ -40 dB,单体鱼目标强度小于 -49 dB 的占比较少(约为 8%),目标强度大于 40 dB 的鱼类占比约为 16%。

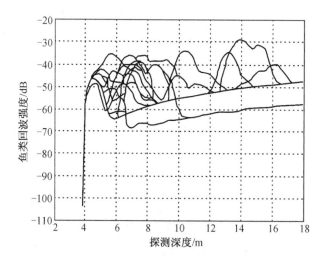

图 6-4　鱼类回波强度在深度上的分布[1]

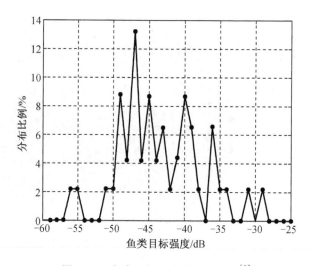

图 6-5　鱼类目标强度大小的分布[1]

通过对 4 个监测点不同水层的鱼类目标回波进行统计,得到鱼类在不同水层的平均分布情况。此次调查海域的平均水深约为 20 m。图 6-6 为统计得到的鱼类在不同水层的分布情况。由图可以看出,该海域的鱼类在水下 4 ~ 19 m 水层活动,主要集中在水下 4 ~ 10 m 的水域,分布在该水层的鱼类占比 66%,在 8 m 水层以下,鱼类数量很少且比较均匀。

根据回声计数方法对鱼类在不同时间段的活动情况进行统计。从 9:00 至 15:00,每小时统计 1 次。图 6-7 为调查得到的鱼类在此时间段的分布情况。

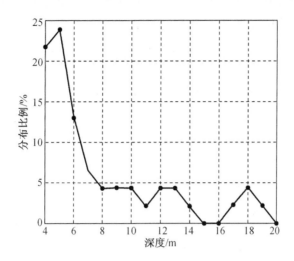

图 6-6　鱼类在不同水层的分布情况[1]

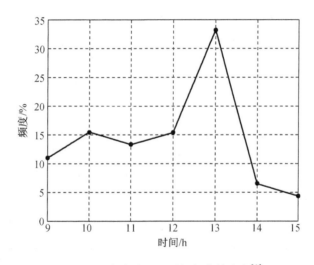

图 6-7　鱼类在不同时间段内的分布[1]

6.2　海洋生物声学仿生

6.2.1　基本概念

前面章节中已经提到过,声音是水下最有效的能量传播形式。绝大多数水下自然活动(如火山喷发、地震)或生命过程(如生物的求偶、觅食、竞争及社交通信等行为)都会产生水下声音,因此海洋是一个充满声音的世界。大多数海洋生物(包括甲壳纲动物、鱼类及海洋哺乳动物)都是声学专家,它们主要借助声音进行通信或导航。其中,海洋哺乳动物中的所有齿鲸物种都具有超凡的回声定位(即生物声呐)能力,它们通过发出高频脉冲声信号并接收目标回声,以探测周围的环境、导航定位、寻找食物等。人们从海洋发声生物的回声定位能力中受到启发,研制并发展了目前在军事和民用领域被广为应用的声呐系统。

海洋生物(鲸豚类)利用声信号来探测周围和进行信息交流,根据声信号形式的不同,信号一般分为三类:回声定位信号(滴答声,click)、通信信号(哨声,whistle)和应急突发信号(burst pulse)[2]。其中,click信号是一种宽频带、窄脉冲的高频信号,具有非常高的时间分辨能力,但其传输距离有限;whilstle信号的频带主要集中在低频范围内,适合进行远距离通信和探测。人们通过模拟鲸豚类生物不同类型的声信号,发展了声呐仿生探测技术和声呐仿生通信技术。本章以仿生通信技术为例,剖析其仿生原理和方法。

6.2.2 原理、方法与装备

6.2.2.1 原理

仿生伪装水声通信技术是一种低识别概率隐蔽通信技术。2001年美国海军研究室(Office of Naval Research,ONR)的年度报告中提出采用模拟海洋生物叫声或海洋中存在的声音的方法实现伪装隐蔽水声通信,拉开了新世纪仿生伪装隐蔽通信研究的序幕。按照调制模式,一般可将仿生伪装水声通信分为三类:第一类是直接采用原始声源作为通信信号进行通信,第二类是采用合成信号或者模拟声源作为通信信号进行通信,第三类是采用原始声源或合成声源掩盖传统通信信号进行通信。

(1)直接采用原始声源作为通信信号进行通信。该方法不改变原始声源的特性,只是提取出原始声音信号,一般采用脉冲位置调制或者时延差调制技术调制信息,具有较高的逼真度。欧洲七国承担的UCAC(UUV covert acoustic communication)隐蔽水声通信项目提出了一项基于仿生的思想实现隐蔽通信的技术,该技术采用脉冲位置调制技术,将信息调制在海豚嘀嗒声(click)信号上,从而实现仿生隐蔽通信。

(2)采用合成信号或者模拟声源进行通信。该方法采用人工合成的模拟声源作为通信信号,进行仿生通信,模拟声源在人耳听觉上和时频特性上与原始声源具有较高的相似程度。通常,基于海豚哨声时频谱轮廓曲线将信息调制到时频谱轮廓曲线的改变量上,在解调时,基于接收信号时频谱,提取出接收信号的时频谱轮廓曲线,对其进行参数估计以实现解调。

(3)采用原始声源或合成声源掩盖传统通信信号进行通信。这类通信方法大多基于人耳的听觉掩蔽效应,将传统的通信信号与海洋生物叫声信号组合,利用高声源级的海洋生物叫声信号掩盖低声源级的通信信号,以提高通信信号的隐蔽效果。

6.2.2.2 方法

1. 哨声信号参数建模

海豚哨声信号一般主要由基波频率、谐波个数、信号包络与信号时长这四个参数决定,因此可利用这四个参数对海豚哨声信号进行参数建模,最大限度地还原信号。通过短时傅里叶变换,可以获得海豚哨声信号的时长、频率和幅度参数,再基于基波信号的时频谱轮廓曲线,采用正弦波模型对哨声信号进行建模。

对于连续哨声信号 $s(t)$,可以表示为

$$s(t) = \sum_{r=1}^{R} A_r \cos(\varphi_r(t) + \theta_r) \quad 0 \leq t \leq T \tag{6-1}$$

其中,T 为哨声信号时长;$A_r(t)$ 为随时间变化的幅度;R 为最高谐波次数;θ_r 为初始相位;$\varphi_r(t)$ 是与海豚哨声信号第 r 次谐波时频谱轮廓曲线 $f_r(t)$ 对应的相位,满足:

$$\varphi_r(t) = \int_0^t 2\pi f_r(t) \mathrm{d}t \quad 0 \leq t \leq T \tag{6-2}$$

当 $R=1$ 时,哨声信号 $s(t)$ 只含有基波;当 $R>1$ 时,除基波外,哨声信号 $s(t)$ 还含有 $R-1$ 次谐波,第 r 次谐波时频谱轮廓曲线 $f_r(t) = rf_1(t)$。$A_r(t)$ 的估计值可由短时傅里叶变换获得。若 t 时刻用一个长为 T_{win} 的窗函数截取声信号并求其功率谱,得到频率为 $f_r(t)$ 时的哨声信号的能量 $e_r(t)$,则 t 时刻哨声信号的幅度为

$$A_r(t) = \frac{2\sqrt{e_r(t)}}{T_{\mathrm{win}}} \tag{6-3}$$

对于离散哨声信号 $s(n)$,弱信号采样率为 f_s,则 $s(n)$ 可以表示为

$$s(n) = \sum_{r=1}^{R} A_r(n) \cos(\varphi_r(n) + \theta_r) \quad n = 0,1,2,3,\cdots,N \tag{6-4}$$

式中,$N = T \times fs$,为离散后哨声的长度,$A_r(n)$ 为离散后信号随采样点变化的幅度,$\varphi_r(n)$ 为离散后的相位,其表达式为

$$\varphi_r(n) = 2\pi \sum_{i=1}^{n} \frac{f_r(i)}{f_s} \tag{6-5}$$

其中,$f_r(i)$ 为离散化后的哨声信号时频谱轮廓,$f_r(i) = rf_1(i)$。若第 n 个采样点处,用一个长度为 L 的窗截取哨声信号并求其功率谱,得到频率为 $f_r(n)$ 时哨声信号的能量 $e_r(n)$,则第 n 个采样点哨声信号的幅度为

$$A_r = \frac{2\sqrt{e_r(n)}}{L} \tag{6-6}$$

通过上述哨声模型参数模型,可在已知哨声信号时长、幅度、频率和谐波个数的情况下,较为真实的还原哨声信号。一般在合成哨声信号时,若认为采集到的哨声信号幅度随时间的变化是由于水声信道多途导致的,则也可以设置哨声信号幅度 $A_r(t)$ 为一定值 A_r,以简化参数模型。

2. 基于哨声参数模型的调制方法

基于海豚哨声信号时频谱轮廓参数模型,通过改变哨声信号时频谱轮廓的频率范围、哨声信号的时间长度、哨声信号的幅度,实现信息调制。为方便起见,现将海豚哨声信号基波时域波形 $s_w(t)$ 表达式重述如下:

$$s_w(t) = A(t)\cos(\varphi_w(t)) \tag{6-7}$$

其中,

$$\varphi_w(t) = \int_0^t 2\pi f_w(t) \mathrm{d}t \quad 0 \leq t \leq T_w \tag{6-8}$$

上式中,$f_w(t)$ 为海豚哨声基波时频谱轮廓曲线;$\varphi_w(t)$ 为与之对应的相位;T_w 为哨声信号的时长;$A(t)$ 为哨声信号的幅度。从公式中可以看出,哨声信号主要由频率函数 $f_w(t)$、时间长度 T_w 和幅度 $A(t)$ 确定,因此,在给定哨声时频谱轮廓曲线 $f_w(t)$ 的基础上,通过调节这三个参数,可以合成不同声音特性的哨声,用于信息的调制。

现假设合成哨声信号时域波形为 $s_s(t)$,其频率函数为 $f_{syn}(t)$,持续时间为 T_{ds},幅度为 $A_s(t)$,则合成哨声信号可以表示为

$$s_s(t) = A_s(t)\cos(\varphi_s(t)) = A_s(t)\cos\left(\int_0^t 2\pi f_{syn}(t)\mathrm{d}t\right) \quad 0 \leqslant t \leqslant T_{ds} \quad (6-9)$$

其中,频率函数 $f_{syn}(t)$ 与哨声时频谱轮廓 $f_w(t)$ 的关系可以表示为

$$f_{syn}(t) = f_{center} + c \times (f_w(t) - f_{center}) + f_c \quad 0 \leqslant t \leqslant T_{ds} \quad (6-10)$$

上式中 f_{center} 为哨声时频谱轮廓中间时间点对应的频率,即 $f_{center} = f_w(T_w/2)$。c 为哨声时频谱轮廓的伸缩系数,表示哨声信号时频谱其余时间点频率相对于中间时间点频率的变化量,通过改变其大小,可改变合成哨声频带大小:$c > 1$ 时,将哨声时频谱轮廓进行垂直(频率)拉伸,扩大其频率范围;$c < 1$ 时,将哨声时频谱轮廓进行垂直(频率)压缩,减小其频率范围。f_c 为时频谱搬移的频率,表示海豚哨声时频谱轮廓整体的频谱搬移量,通过改变其大小,可以改变合成哨声的频带范围:$f_c > 0$ 时,将哨声时频谱整体向高频处搬移;$f_c < 0$ 时,将哨声时频谱整体向低频处搬移。上式中的 T_{ds} 决定了合成哨声的时长,一般满足 $T_{ds} \leqslant T_w$,即合成哨声的时长要小于原始哨声,相当于截取处长度为 T_{ds} 的哨声信号。$A_s(t)$ 为合成哨声幅度随时间变化的函数,若不考虑合成哨声幅度随时间的变化,则其幅度可视为一个常数,即 $A_s(t) = A_s$。当 $c = 1$,$f_c = 0$ 时,合成哨声时频谱轮廓与原始的哨声信号完全相同,此时,若 $T_{ds} = T_w$,则除了幅度外,合成哨声应和原始哨声信号完全相同。

6.2.3 应用案例

本编著选用哈尔滨工程大学乔钢教授团队刘淞佐等(2013)报道的基于海豚叫声的仿生通信方法研究作为海洋生物声学仿声的研究案例[3],具体如下。

该方法利用真实的海豚滴答声信号,采用脉位调制的方式进行通信,并应用 M 元扩频的方法提高了系统的通信速率。该方法进行了湖试试验,水平通信距离 3 km,通信速率 43 bit/s,误码率小于 10^{-4}。为验证基于海豚叫声的仿生水声通信方法的可行性,研究人员于 2012 年 10 月在黑龙江省海林市莲花湖进行了湖试。发射船与接收船处水域深约 20 m,试验时,发射与接收换能器吊放深度均为 7 m,收、发节点分别位于两艘处于自由漂泊状态的船上,风浪使节点间存在缓慢的相对运动,在约 2 km 的通信距离上进行了实验。

为了验证不同码元、不同通信速率时的通信效果,分别发送了包含不同码元数的数据,每帧的码元数从 5 到 10 不同,每个码元携带 6 bit 信息,试验中由于水面比较平静,温度较低,信道变化不大。

图 6-8 为实验过程中采用 LFM 信号进行拷贝相关处理后得到信道的多途扩展情况,从图中可以看出,主要有 5 条明显的多途,最大多途时延约为 30 ms。

发射信号采用图 6-9 所示的帧结构,以码元数为 10 时的一组仿生信号距离,由海豚滴答声构成的信息序列如图 6-10 所示,每个码元的自相关性以及和其他码元的互相关性如

图所示,图中按最大码元相关峰值对相关后的波形进行了归一化,从图中可以看出,每个码元自相关性较好,相关峰比较尖锐。图 6-10(c)是接收到的嘀嗒声信息序列。

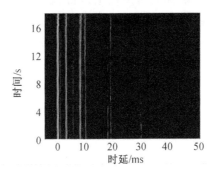

图 6-8　LFM 信号估计的时变信道冲击响应

海豚哨声同步信号	保护间隔	海豚嘀嗒声时延差信息编码序列

图 6-9　仿生水声通信信号帧结构

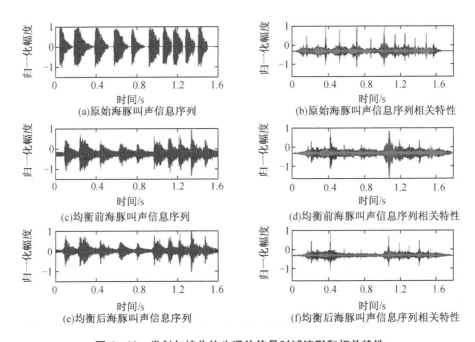

图 6-10　发射与接收仿生通信信号时域波形和相关特性

采用 MP 算法对接收到的信号进行估计信道,搜索最大多途数为 50,最大多途时延为 35 ms,估计的信道冲激响应如图 6-11(a)所示,从图中可以看出,有 5 条比较明显的到达路径,信道的最大多途时延约为 30 ms,与上述用 LFM 信号估计的信道冲激响应比较符合。对接收信号与发射信号直接进行相关和通过 VTRM 均衡后的相关曲线分别如图 6-10(d)和图 6-10(f)所示,从图中可以看出,由于信道多途和噪声的影响,未经均衡的信号其相关性很差,个别信号已经无法找到明显的相关峰,造成解码错误;然而通过 VTRM 均衡后的信号,相当于经过了一个信道冲激响应近似如图 6-11(b)所示的信道。图 6-11(b)是估计出的信道冲激响应的自相关,一般称为时反信道,可以看出若忽略抽头系数小于归一化幅度 0.2 的路径,时反信道的多途时延约为 2 ms,也即虚拟时反后,实现了信道的压缩和能量的聚焦,改善了信号的相关特性,如图 6-10(f)所示,虚拟时反均衡处理后的信号相关特性较均衡前有明显的改善。

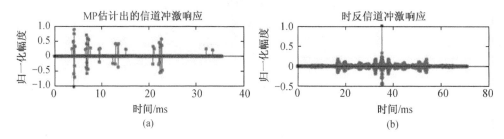

图 6-11 估计的信道冲击响应与时反信道冲激响应

由于湖试中信道除直达声外,在 20 ms 内还有与直达声强度相仿的强多途,直接采用相关法测时延产生了较大的误差,均衡前误码率较高,与仿真结果相比,湖试中均衡后的误码率较均衡前的误码率下降更迅速,进一步验证了本文采用虚拟时反均衡在复杂、强多途信道条件下的优势,也验证了虚拟时反信道均衡技术在以海洋生物叫声为载波的仿生通信系统中的有效性。在通信信号声音特性上,发射信号与接收信号具有较高的相似度,克服了传统固定载波调制时带来的声暴露问题,实现了本文仿生伪装隐蔽通信的目的。

6.3 海洋生境声学观测

6.3.1 基本概念

生境是指某类生物或生物群落的栖息地环境。生境具有栖息于其中的生物所必需的各种生存条件,包括食物、活动空间和生物适应的其他生态因素。海洋生境是指海洋生物或者海洋生物群落的栖息地环境。根据海洋生物(群落)的营生方式不同,海洋生境主要包括海面生境、水体生境和海底生境三个部分。其中,海面生境主要指海水表面生境,包括各种生活在海水表面的生物(如海鸟、浮游节肢动物等)所处的生态环境;水体生境是指海表面至海底的水体部分,其空间巨大,包括割裂浮游和游泳生物;海底生境主要是指海洋底层生物所处的生态环境,包括底栖、埋栖及固着生物等。海面生境和水体生境监测的要素主要包括水深、水温、盐度、海流、波浪、水色、悬浮颗粒、透明度、海冰、海发光和溶解氧等,监测手段包括卫星遥感、浮标、岸基监测站和机载激光雷达监测,其中对于水深、海流、波浪和悬浮颗粒的监测也可以采用声学手段,在第 4 章已经有过详尽的介绍,在此不再赘述。

海底生境监测(调查)的要素主要包括海底生物类型(分布)、人工构造物分布以及海底底质类型等。传统的海洋底栖生境调查方法一般采用采泥器进行站位取样调查,或者利用水下摄像进行视频采集,或拖网调查等手段。这种方法的优点是能够直接、客观地得到特定海域海底生境情况,缺点是单点采集数据效率低下取样有限、作业成本较高且在深水区实施困难。近些年来,随着水声技术的发展,出现了单波束、多波束和侧扫声呐等一系列海底探测设备,为大范围海底生境监测(调查)提供了先进的技术手段。本节主要介绍利用多波束进行海底底质分类的原理和方法。

6.3.2 原理、方法与装备

6.3.2.1 原理

多波束测深系统不仅可以得到高精度的水深地形数据,还能获取丰富的反向散射强度数据。反向散射强度数据是多波束测深系统生成海底图像和进行底质分类的基础数据,它与海底地质的粗糙度、沉积物粒径、孔隙度、饱和度等物理属性及入射角等有着极强的相关性。利用多波束反向散射强度反演海底底质分类的计算原理是利用多波束测深声呐采集的来自不同角度下海底反射散射声信号估计海底回波强度,并在此基础上可对海底进行成像。为保证分类结果的有效性,要求提供高质量的海底声图像,即获得高分辨率、高精度的地理位置和反向散射轻度数据,同时保证两者信息在空间上实现准确的一一对应。此外,反向散射强度虽能粗略表征海底底质特征,但是要利用反向散射强度实现底质类别的精确划分需要建立其与底质类型之间的关系模型,需要进行大量的特征提取、取样分析、统计分析工作。

常见的底质分类方法包括以下四种:

(1)基于海底声学反演理论的底质分类

基于Biot介质模型或Jackson散射模型对海底回波信号进行分析,反演海底表层沉积物声学参数(如声阻抗、声吸收系数等),并结合沉积物的物理特性(如密度、孔隙度、平均粒径、声速等)经验公式进行沉积物分类。

(2)基于多波束回波信号统计特性的沉积物分类

基于多波束回波信号统计特性的沉积物分类主要是根据海底回波信号中一些时频特性进行统计分析,从而根据不同沉积物的时频特性进行分类。

(3)结合图像纹理和回波强度统计特性的底质分类

可利用海底回波信号的谱特征、声波的反向散射角度、相邻序列回波的相关系数、基于对象分割技术等方法对混合沉积物进行分类。

(4)基于多波束回波强度声呐图像的底质分类

根据多波束系统采集的回波强度序列,经过波束声线追踪、波束归位计算、采样点回波强度提取、回波强度去噪、地理编码、声强增益等预处理,根据回波强度与灰度值的关系将回波强度值转化成图像灰度值,从而得到一幅经过地理编码、灰度均衡的回波强度声呐图像。然后根据海底取样的坐标在所生成的多波束声呐图像中提取图像样本,在图像样本中提取样本的纹理特性(如均值、标准差、三阶矩、一致性等),经过底质分类器训练,再根据训练结果对全图进行底质分类。鉴于此种分类方法可提取多种图像纹理特征,训练和分类精度较高,因此下一节将重点介绍此种分类方法。

6.3.2.2 方法

1. 分类流程

海底床表沉积物分类是以多波束床表的回波信息的位置及强度为基础的,因此首先需要从断面的波束脚印包络内提取回波采样点的强度和根据波束坐标计算回波采样点的位置;再经过消噪、重采样、灰度均衡化等一系列预处理工作,生成高质量、高分辨率的多波束声响图像;然后根据钻孔的地理坐标在多波束图像相应的位置提取样本,通过选择一些自聚度和分辨率较高的统计特征参量进行样本训练;利用样本训练结果对全图进行沉积物分类。

2. 数据组织

(1) 多波束 ALL 文件解译

ALL 文件格式是目前 EM 系列通用的声学勘探数据组织格式文件,如 EM2000、EM3000 和 EM122 等多波束测深系统都是采用 ALL 文件格式存储,保存的内容很丰富,包含安装参数包、运行时参数包、测深数据包、声呐振幅数据包、姿态数据包、导航数据包、潮汐数据包、声速数据包等。

ALL 格式文件都是以安装数据包或运行时数据包开始的,随后是其他各种类型的数据包,这些数据包都是以 20 个字节的数据包开头,数据包头包括数据包大小、开始标识符、数据包类型、EM 系列号、时间日期、时间秒数、序列号、声呐序列号。

解译工作首先设置一个指针 ptr 指向文件开头的位置,再设置一个变量 Current Position 记录指针指向文件的位置。按照 ALL 文件结构陆续地提取各种类型数据,直到提取到最后一个数据位置,整个 ALL 文件解译工作结束。

(2) 回波采样点提取

在多波束断面的波束脚印包络内,以等角度栅格方式提取回波采样点,每个栅格存放一个采样点。波束脚印内的回波采样点不等,从断面的外边缘到中央波束,波束脚印内的采样点数量由多变少(图 6 – 12)。

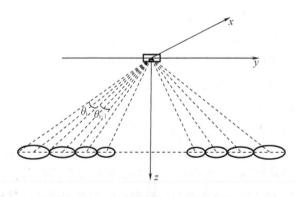

图 6 – 12 多波束脚印内采样点分布示意图

(3)回波强度位置计算

在计算出波束脚印的地理坐标后,根据波束脚印内采样点的数量及回波采样点与波束指向采样点的几何关系,计算每个回波强度栅格的地理坐标,即实现回波强度的地理编码。

(4)多波束声呐图像生成

在进行回波强度提取及其位置计算后,通过声强消噪、声能补偿、图像重采样等一系列预处理,生成具有地理位置的高质量、高分辨率的多波束声呐图像。

(5)样本统计特征参量优选

在经过样本的提取和质量控制后,需要选取一些自聚度和分辨力较高的统计特征参量。自聚度是指统计特征表达同种类别的一致性程度,分辨力则表示统计特征在不同类别的相异程度。统计特征的自聚度和分辨力越高则越有利于海底沉积物分类,可作为表达沉积物分类能力的两个性能参数。用$\rho(p)$、$\chi(p)$分别表示第p种统计特征的自聚度和分辨率。

第p种统计特征在第t种沉积物类型的自聚度$\rho(p,t)$定义为第t种沉积物类型的各个采样点的优选样本的第p种统计特征分布区间两两重叠率的最小值,即

$$\rho(p,t) = \min\{\delta_{ij}(p,t)\}$$

式中$\delta_{ij}(p,t)$为第i个采样点(第t种沉积物类型的优选样本p种)统计特征分布区间与第j个采样点第t种类型优选样本第p种统计特征的分布区间的重复率。

如果第t种沉积物类型只有一个采样点的样本,则

$$\rho(p,t) = 0.5$$

而第p种统计特征的自聚度$\rho(p)$为其在各种沉积物类型表现的均值,设T为沉积物类型数量,则

$$\rho(p) = \frac{1}{T}\sum_{t=1}^{T}\rho(p,t)$$

第p种统计特征的分辨率$\chi(p)$定义为1减去各种沉积物类型的优选样本的第p种统计特征的分布区间两两比较的重叠率的均值

$$\chi(p) = 1 - \frac{1}{C_T^2}\sum_{\substack{s,t=1\\s\neq t}}^{T}\delta_{st}(p)$$

式中,$\delta_{st}(p)$为第s种沉积物类型的优选样本的第p种统计特征分布区间与第t种沉积物类型的优选版本的同种统计特征的分布区间的重叠率;C_T^2为T种沉积物类型中随机取2种的数量。通过计算统计特征的$\rho(p)$和$\chi(p)$,提出哪些$\rho(p)$相对太小而$\chi(p)$又相对太大的统计特征,从而得到优选的统计特征。

如果第p种统计特征符合下列剔除标准之一,则认为第1种统计特征为劣质统计特征:

①$\rho(p) < \mu_\rho - 1.2\sigma_\rho$,且$\chi(p) < \mu_\chi - 1.2\sigma_\chi$

②$\rho(p) < \mu_\rho - 1.5\sigma_\rho$,且$\chi(p) < \mu_\chi - 1.5\sigma_\chi$

③$\chi(p) - \rho(p) > \mu_{\chi-\rho} + 1.2\sigma_{\chi-\rho}$

式中,μ_ρ为$\rho(p)$的均值;σ_ρ为σ的标准差;μ_χ为$\chi(p)$的均值,σ_χ为$\chi(p)$的标准差;$\mu_{\chi-\rho}$为$\chi-\rho$的均值,$\sigma_{\chi-\rho}$为$\chi-\rho$的标准差。这些值的计算都忽略$\rho(p)$和$\chi(p)$其中之一为0的统计特征。式中第1个和第2个判据为特征值的预剔除线和绝对剔除线,如果特征值的分数

低于绝对剔除线,那么该特征值被剔除,式中第 3 个判据是强调统计特征在表达各钻孔同类地层类型的一致性要强,剔除那些 $\rho(p)$ 相对太小以及相对太大的统计特征,那些特征参量对沉积物分类有影响。

3. 分类器训练

沉积物分类器选取改进的 H 层小波 BP 神经网络,即包含输入层、隐层和输出层、输入层的单元数根据样本数量确定,隐层的神经单元数按照经验公式确定,选取 70% 的样本进行训练,30% 样本作为检核。将训练样本的结果作为内符合度评价,检核样本的结果作为外符合评价。

提取钻孔控制范围内的样本,选取均值、标准差、一致性、熵、矩、直方图的统计特征等 19 个备选统计特征参量,如表 6-1 所示。

表 6-1 19 个备选统计特征参量

编号	名称	编号	名称	编号	名称
S_1	标准差	S_8	几何 025 矩	S_{15}	直方图均值
S_2	几何中心矩	S_9	几何 075 矩	S_{16}	直方图方差
S_3	均值	S_{10}	几何 100 矩	S_{17}	直方图归一化方差 R
S_4	三阶矩	S_{11}	灰共小小	S_{18}	直方图偏度
S_5	一致性	S_{12}	灰共小大	S_{19}	直方图峰度
S_6	熵	S_{13}	灰共大小		
S_7	几何 000 矩	S_{14}	灰共大大		

海底沉积物样本训练精度可借助遥感图像分类精度评价的混淆矩阵,分类精度指的是能够识别出样本个数比例,混淆矩阵被定义为:

$$M = \begin{bmatrix} m_{11} & m_{12} & \cdots & m_{1n} \\ m_{21} & m_{22} & \cdots & m_{2n} \\ \vdots & \vdots & & \vdots \\ m_{n1} & m_{n2} & \cdots & m_{nn} \end{bmatrix}$$

式中,m_{ij} 为第 i 类的样本类型被分到 j 类样本中的总数,n 为类别数。混淆矩阵每一列表示实地参考验证信息,每列的数值等于实地样本类型在样本训练结果中对应于相应类型的数量;混淆矩阵每一行表示样本类型的分类信息,每行的数值等于样本类型在实地真实样本相应类型中的数量。若混淆矩阵中主对角线上的值越大,说明分类结果的精度越高;反之,说明分类结果的精度越低。

6.3.3 应用案例

本书选用杨永等(2016)研究报道的结果作为海洋生境声学观测的研究案例[4],具体如下。

6.3.3.1 资料采集和处理

2011—2012年"海洋六号"船执行了中国大洋第23和第27航次科学考察,利用EM122多波束系统在中、西太平洋海山获取了详细的海山测深和回波强度数据。该多波束系统换能器阵列固定安装于船前部的龙骨处,换能器吃水深度为6.0 m。声速剖面数据由SeaBired CTD 917 Plus实测获得。野外数据采集时使用的横摇、纵倾、艏摇以及时间延时参数分别为:0.11°、0.60°、0.15°以及0.0 s,航速为10 kn左右,开角保持45°～55°,视实际地形情况进行实时调整,条幅有效覆盖宽度为水深的2～3倍。数据采集过程中,利用EM122多波束系统现场监控软件SIS对覆盖图形、条幅水深剖面、波束质量等进行实时监控。数据采集时海况较好,浪高1.5 m左右。航次结束后对多波束测深数据进行了精度分析,分析结果显示其均方差为±10.0 m,相对误差为0.12%。

多波束原始记录中包含了每一个时序采样的经、纬度和回波强度(或振幅)信息,受海洋环境噪声、声波散射和混响、传播损失、底质对声波的吸收及海底地形等因素的影响,回波强度值不能真实反映海底底质特征,因此必须对其进行处理。此次利用Triton多波束处理软件Gecoder模块对多波束测线数据进行了如下处理:①异常点人工剔除,剔除测量中的畸变点;②时间补偿增益(time value gain,TVG),消除衰减造成的回波强度损失影响;③根据Snell法则进行了声线弯曲改正,消除了波束在水柱中实际传播的影响,需要注意的是,该改正假定海底地形平坦,未考虑地形的微变化,因而其校正存在一定误差,在海山斜坡区应用时考虑了这方面因素;④声强数据滤波处理,用于降低其他因素引起的噪声影响;⑤最终采用"Feathering"算法实现了条带间声回波数据的平滑拼接,形成多波束回波强度图。Kongsberg公司EM系列多波束声强的变化范围为－126～0 dB,为了便于回波强度特征分析,未对回波强度进行灰度级的转换。

6.3.3.2 回波强度和统计分类结果

从海山多波束回波强度图可以看出,该海山回波强度值范围为－58～－11 dB。海山顶部存在几个低值区,回波强度平均值为－36 dB;海山顶部周缘存在明显的带状高值区,平均值为－25 dB;山顶其他区域表现为中等强度的特征,其平均值为－29 dB;海山斜坡回波强度特征比较复杂,斜坡大部表现为回波强度高低相间的特征,但存在几处明显的低值区,平均值在－33 dB左右,局部低至－45 dB;西侧斜坡山脊处表现为明显的高值区,平均值为－28 dB左右。

此案例中利用ArcGIS 10.1软件空间分析工具对回波强度数据基于四分位数参数进行了统计分类,根据回波强度特征,将其分为回波强度高值(－28～－11 dB)、中等强度值(－33～－28 dB)和低值(－58～－33 dB)3类,分别对应硬底质、中等硬度底质和软底质3种类型。分类结果显示,海山山顶几处明显低值区为软底质沉积覆盖的反映,海山山顶边缘带状高值区为硬底质的反映,山顶斜坡几处低值区也是软底质的表现。此外,海山东西两侧坡底差异明显,东侧表现为中等硬度底质,东侧的深海盆地为明显的软底质区;而西侧和南侧则表现为大范围的硬底质区。值得注意的是,统计分类只是根据回波强度强弱进行的分类,即仅反映底质的硬度变化,故在具体解释时应该结合回波强度的空间展布特征和地形因素综合考虑。

6.3.3.3 资料解释

以回波强度及其统计分类结果为主,结合该海山地质特征,对海山山顶和斜坡区的底质类型进行了综合地质分析,得出了海山富钴结壳、钙质远洋沉积、碳酸盐岩基底、碎屑流沉积空间分布特征:①富钴结壳在海山山顶平台边缘和东侧及南侧斜坡山脊处均有分布,表现为均一的回波强度高值,平均值约 -20 dB,该几个区域的富钴结壳分布总面积约 151 km^2,约占海山总面积的 20.7%;②山顶几处软底质区为钙质远洋沉积区,表现为回波强度低值,平均值约 -40 dB,该海山钙质远洋沉积并未大面积分布,在海山平台呈零星分布特征,此外在海山斜坡上部也局部发育钙质远洋沉积;③海山山顶大范围区域为碳酸盐岩基底出露区,其上可能覆盖有少量钙质远洋沉积,表现为中等回波强度值;④海山存在 3 处较为明显的重力滑塌沉积,类型主要为碎屑流沉积,碎屑大小不一,东南侧滑塌沉积可见规模较大的碎屑岩崩体。在海山稳定斜坡区,局部可见谷、脊呈放射状相间分布的特征,山谷内可能覆盖钙质远洋沉积,山脊处沉积较少,局部可能亦发育富钴结壳。此外,根据地形地貌特征可以看出除 3 处重力滑塌沉积区之外,海山斜坡主要表现为稳定斜坡区,该区域在地形上表现为山谷和山脊相间分布,该处的沉积特征和富钴结壳分布有待进一步深入分析。

参 考 文 献

[1] 马燕芹,司纪锋.基于水声技术的黄海近海鱼类活动定点监测研究[J].渔业现代化,2016,43(4):70-75.

[2] 殷敬伟,刘强,陈阳,等,基于海豚 whistle 信号的仿生主动声纳隐蔽探测技术研究[J].兵工学报,2016,37(5):769-777.

[3] 刘淞佐,乔钢,尹艳玲.一种利用海豚叫声的仿生水声通信方法[J].物理学报,2013,62(14):291-298.

[4] 杨永,何高文,朱克超,等.利用多波束回波强度进行中太平洋潜鱼海山底质分类[J].地球科学,2016,41(4):718-728.

第7章 海洋军事行动声学保障技术及其应用

根据《圣雷莫海战法手册》第四十条规定:军事目标是指那些其性质、位置、目的或用途对军事行动能产生积极效能,如果对其进行全面或部分摧毁、夺占或压制,在当时情况下能产生明显的军事效益的目标。根据这条规定,海洋军事目标可以大致分为潜艇、水面舰艇、鱼雷、水下无人潜器等。海洋军事行动声学保障技术就是以提升己方军事目标平台作战效能,弱化敌方军事目标作战态势为目的,所形成的一系列海洋声学技术、方法及其装备,总的来说包括海洋军事目标探测、海洋军事目标隐身和水下声学对抗等声学保障技术。

7.1 海洋军事目标探测

7.1.1 概述

海洋军事目标探测是指对水下军事目标(目标、水雷、来袭鱼雷及其他物体)和水面舰艇进行探测、定位、跟踪与识别的过程。目前,根据探测手段不同,海洋军事目标的探测可划分为雷达探测、卫星探测、激光探测以及声学探测等技术。在海水中,无线电波、光波等信号在传播过程中发生严重衰减,传输距离较短,难以满足水下目标的远程探测需求,但声波在水中可实现远距离传输,因此海洋军事目标,尤其是水下军事目标的探测主要依赖于声学探测技术[1]。

海洋军事声学目标声学探测的任务主要包括对目标声学信号特征进行分析,判断目标属性,并对目标方位、距离、深度进行估计。根据探测信号来源,海洋军事目标声学探测主要包括主动声呐探测技术和被动声呐探测技术两类。

7.1.1.1 主动声呐探测技术

主动声呐系统按照一定规律发射声波信号,信号在传播过程中遇到水下目标后产生回波,回波被接收后通过与发射声波信号对比,就可以对探测的目标进行判断和识别。比如可以利用回波信号与发射信号之间的时间延迟反推探测目标的距离,利用回波波前法线方向计算目标的方向,利用发射信号与回波信号的频移计算目标的运动速度,进而实现对水下目标的定位与追踪[2]。

主动声呐可细分为两种:一种是测距声呐,即声呐回波信号中解析出障碍物的距离和角度信息;另一种是图像声呐,即以声学图像形式回传目标信息。其中,测距声呐对目标探测的精度较低,分辨率差,图像声呐分辨率较高,在水下探测中应用得越来越广泛[2-3]。根据声呐工作方式差别,图像声呐又分为机械扫描声呐、多波束图像声呐和三维成像声呐等[4]。

主动声呐由基阵、电子机柜和辅助设备三部分组成,其中基阵是声呐的核心组件,是由水声换能器按照一定几何图形排列的阵列,通常组合为球形、柱形、平板形或线列型[5]。基本工作流程为:换能器把电信号转化为声信号向水中发射,声信号在水中传播的过程中,遇到水中目标(比如潜艇、水雷、鱼群等目标,就会被反射回来),反射回波经声换能器转变为电信号,并且经过放大处理,转化为可处理的数字信号(图7-1)。

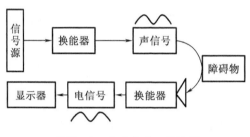

图 7-1 主动声呐工作流程

7.1.1.2 被动声呐探测技术

被动声呐系统本身不发射信号,主要利用水听器及其阵列接收水面或水下目标自身辐射噪声信号,基于信号处理技术提取噪声信号信息,判定出目标类型,并估算出目标所在的方位。探测的信号是目标自身的辐射噪声,比如目标螺旋噪声、舰艇与水流摩擦的流噪声以及发动机械振动引发的辐射噪声等[2]。由于被动声呐探测系统自身不主动发射信号,因此具有较好的隐蔽性。

水听器及其阵列构成了被动探测的硬件基础,而被动声呐系统则是水听器及其阵列的主要安装平台,其形式、尺寸及安装形式等都对信号接收产生直接影响;信号处理部分则构成了软件基础,决定了信息提取的有效性,是被动声呐系统的"大脑"。

7.1.2 原理与方法

海洋军事目标的声学探测过程主要分为信号检测、目标定位和目标识别三大过程,具体叙述如下。

7.1.2.1 信号检测

信号检测包括被动声呐检测和主动声呐检测,其中前者是利用水听器及其阵列接收目标自身辐射噪声或信号,通常采用 LOFAR 线谱检测和宽带能量检测方法,从背景噪声中感知目标的存在;后者是通过声呐系统中的换能器基阵发射声信号波束,发射波束在水下传递接触到目标后反射形成回波信号,通过换能器基阵的数据采集器接收到目标回波信号实现目标检测。两者相比而言,被动声呐目标检测距离越远,信号越微弱,一般通过波束形成获得空间增益,时间处理获得时间增益,并从强干扰背景中提取目标。

信号检测的目的是提高信号输出信噪比,将目标信号从噪声和干扰中区分开来,进而实现水下目标的信号筛查、定位与识别。信号检测过程中对信号的处理分为两大类:

(1)对发射信号波形进行设计(针对主动声呐装备)。对主动声呐发射信号波形进行设计,例如构造出具有近似钉板型模糊度函数的发射信号,可以使声呐信号具有较高的距离分辨性能和多普勒分辨性能。

(2)为了最大限度地消除各类噪声和畸变对图像中目标区域的影响,接收信号后,对信号进行预处理。接收信号后处理包括空域滤波处理技术和时域频域处理技术,其中前者是利用阵列处理技术,能让空间中某些方位或区域的信号通过,并抑制其他方位或区域干扰与噪声;后者常用的方法是匹配滤波,以滤波器在某个时刻的输出信噪比最大为准则,从而提高对目标的检测能力。

7.1.2.2 目标定位

1. 被动声呐定位

被动声呐目标定位分为以下两类:

(1)自身定位:自身定位的基本方法有短基线、超短基线和长基线。

(2)可疑目标定位:被动声呐不具备发射装置,单独一个被动声呐不能像主动声呐那样确定目标的距离,而仅仅只能通过接收到的信号判断其来源方向。但是多个被动声呐联合工作,就可以由三角测量算法定位目标,如图7-2所示。

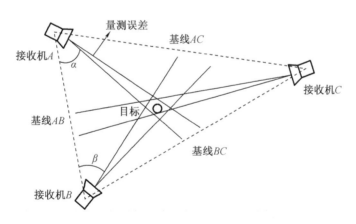

图7-2 三角测量算法二维几何示意图

2. 主动声呐目标定位

实际应用中主动声呐同时具备定向探测和全向探测的能力。全向探测时声波脉冲以声呐为中心,向四周传播,常用于巡逻搜索,目标检测效率高;而定向探测能够集中声源能量,具有较高的探测和定位能力。在使用全向探测检测到目标信号后,利用定向探测实现定位和跟踪。

主动声呐探测系统利用采集的回波信号和目标参数结合深度传感器等反馈的信息确定目标所在的方位。大概分为以下几个参数测定:

(1) 通常根据发射信号与回波信号之间的时延差估计目标的距离;

(2) 由回波波前法线方向或者阵列 DOA 技术可推知目标的方向;

(3) 由回波信号与发射信号之间的频移(多普勒频移)可推知目标的径向速度;

(4) 由回波的幅度、相位及变化规律可以识别出目标的外形、大小、性质和运动状态等。

以测量目标距离为例,传统主动声呐的发射机和接收机位于同一位置(或共用同一阵列),声波按原路径传回,称为单基声呐,如图 7 - 3(a)所示。若发射机与接收机分离部署,称为双基声呐,如图 7 - 3(b)所示。当多个发射机和多个接收机空间分离,且协同工作时,称为多基声呐系统,如图 7 - 3(c)所示。下面给出定位目标距离计算公式,其中 T 表示声波信号在水中传播的时间,c 表示声速。

在单基声呐中:
$$c = 2D/T \tag{7-1}$$

在双基声呐中:
$$c = (D_1 + D_2)/T \tag{7-2}$$

如果声速 c 已知,目标与声呐发射机和接收机的距离和 $(D_1 + D_2)$ 便能够通过信号发射与接收时间差 T 获得,即 cT。

多基声呐可以视为多组双基声呐的组合,由于每一组双基声呐的收发设备能够提供一组独立的量测参数,则由多组发射机和接收机构成的多基地网络使得多基声呐系统所获得的目标信息量大幅度增加。多级呐依靠这些信息的融合,能够给出更高精度、鲁棒性的定位结果。

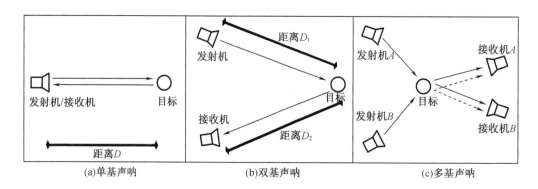

(a) 单基声呐　　　　　(b) 双基声呐　　　　　(c) 多基声呐

图 7 - 3　主动声呐的类型原理示意图

7.1.2.3　目标识别

海洋军事目标识别是从水声信号中提取水下目标特性并对目标进行分类的识别技术,传统的识别方法是根据声呐兵的经验和主观判断来确定目标类型,但已经远远不能满足如今的作战环境需求。目标识别的核心内容就是在对目标物理性质进行数学描述的基础上,经过数据变换,得到最能反映目标分类的本质特征。特征提取是实现目标分类识别的关键,比如依据目标的亮点结构分析、频谱分析、时频分析等实现对海洋军事目标的识别分类[6]。目标特征提取算法对目标识别的准确性以及识别效率非常重要,因此,这也是目标特征提取的主要研究内容之一。主动声呐以及被动声呐在算法应用中略有差别,常用的识别方法具体如下。

1. 主动声呐目标识别

主动声呐主要是通过声呐图像特征提取和分类,实现对目标的识别。总的来说,其目标识别方法包括以下三类[2,4]。

(1) 基于统计模式的目标识别

统计模式识别是基于数学上决策理论,建立的统计识别模型,具体是指对研究的声呐图像进行大量的统计分析,找出规律性的认识,抽出反映声呐图像本质特点的特征进行识别。其关键步骤就是根据反映目标规律性特征的识别函数,包括线性识别函数和非线性识别函数两类。统计分类方法分为最小距离分类法、最近邻域分类法、最小错误率的贝叶斯分类法、最小风险的贝叶斯分类法等。

(2) 基于模糊理论的目标识别

模糊技术是通过模糊变换和模糊推理把模糊问题转化为确定性或更易于处理的问题,在处理模糊问题上显示了传统方法无法比拟的优越性[5]。基于模糊理论的目标识别就是基于模糊分类理论,根据目标特定的各类特征建立隶属函数,实现对目标的分类识别。

(3) 基于神经网络的目标识别

人工神经网络是进行模式识别的重要工具和方法,是一种应用类似于大脑神经突触连接的结构进行信息处理的数学模型。大多数情况下人工神经网络能在外界信息的基础上改变内部结构,是一种自适应系统。人工神经网络学习训练分为监督式学习和无监督式学习。人工神经网络在其所处环境的激励下,给网络输入一些样本模式,按照一定的规则(学习算法)调整网络各层的权值矩阵,指导网络各层权值收敛到一定值,学习过程结束,寻找最匹配的神经网络对真实数据做分类。

2. 被动声呐目标识别

被动声呐通过对不同目标辐射噪声的不同特征实现分类识别,因此从目标辐射噪声中提取有效的识别特征是被动目标识别的关键。目前,目标辐射噪声特征提取原理主要分为以下四个方面[7]。

(1) 基于功率谱估计进行特征提取

基于对目标辐射噪声功率谱分析,提取谱特征是经典而有效的目标分类技术,比较常见的方法包括线谱特征法、调制解调法和潜行特征法等。这些方法是基于目标辐射噪声的频谱特性而产生的。

(2) 基于小波变换进行特征提取

小波理论是在现代傅里叶分析基础上的重大突破,局部化与多尺度分析是其精华所在。小波展开保留了傅里叶展开的优点,且在时间和频率上都可进行局域分析,并且频谱分析仍可进行,只是基波须用小波母函数所代替[8]。小波变换相当于一个数学显微镜,具有放大、缩小和平移等功能,通过检查不同放大倍数下的变化来研究信号的动态特性。比如可以在辐射噪声信号谱域利用小波变换提取谱特征,结合波形结构特征进行目标分类识别[8-9]。

(3) 基于目标辐射噪声的非线性特征提取

目前国内外已将混沌、分形等非线性理论引入舰船辐射噪声的特征提取中来。这些方法均以时间序列为原始的数据空间,进行相空间重构或分数布朗运动建模,计算关联维数、指数或指数。也可以与传统的线谱和连续谱特征相互补充,更完整地反映目标的频率特性。

(4) 基于高阶统计分析理论的特征提取

随着识别技术的发展,人们在功率谱、线谱、动态谱和双重谱的基础上,更进一步研究高阶谱的分类特征。高阶谱对高斯白噪声有很强的抑制作用,具有很好的抗噪性能,也增强了其特征的鲁棒性。

7.2 海洋军事目标隐身

7.2.1 概述

现代海洋战争中应用了多种高新技术,海洋作战样式日益多样化,并形成了多维空间的海战场环境:一方面,各个空间相互影响、相互作用、相互制约,组成一个有机的作战空间系统;另一方面,每个空间又相对独立,具有各自的分工和特定功能。这一空间战场使各种海上兵力同时置身于空中威胁、水面威胁、陆上威胁、太空威胁的主体包围之中,海战场变得更加复杂化、多维化、立体化。实际上,各国海军长期将目标隐身技术作为军事技术研究中的重点内容,并将其作为一项战略发展目标。作为具备最先进的目标隐身技术的美国海军,在《2000—2035 年海军技术——目标平台技术》报告中指出将目标隐身技术作为 21 世纪重点发展的关键技术之首。

为了提高海上作战平台以及作战行动的隐蔽性,高超的水下隐身技术便成为海上作战的"杀手锏"[10-11]。声隐身技术是以降低目标的辐射噪声、可探测特征和声目标强度为目的,所采取的一系列技术措施[10]。先进的水下声隐身技术是舰艇等海洋军事目标发挥最大军事价值的瓶颈技术之一。

由于水下最主要的通信和探测方式只有声波,所以为了不让敌方声呐探测到我方水下武器、设施的相关信息,必须对其做好防护。声隐身技术就是基于水声学原理,以实现水下目标或其他设备隐身为目的,对海洋军事目标进行降噪处理的专业化设计。

总体来说,目标受到的水声威胁主要有 8 种:①声呐浮标;②反潜飞机或反潜直升机吊放声呐;③反潜舰艇;④拖拽阵声呐;⑤目标的舷侧阵声呐;⑥声制导鱼雷;⑦音响鱼雷;⑧固定声呐基阵(图 7-4)[12]。

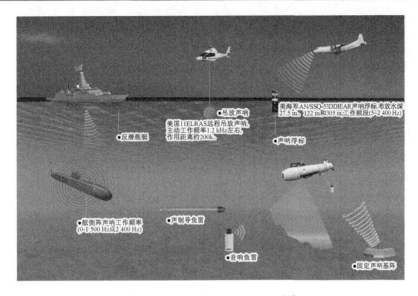

图 7-4　目标面临的水声威胁[12]

海洋军事目标在航行时辐射噪声的来源主要包括水动力噪声、螺旋桨噪声和机械噪声等三类[13]：

(1) 水动力噪声。当舰船、潜艇或鱼雷航行时，物面边界层由层流发展为湍流。层流边界层为稳定的流动，湍流边界层为时间和空间上随机变化的流动状态。湍流边界层内随机的速度扰动产生随机的脉动压力。这种附面层的随机脉动压力一方面直接产生辐射噪声，另一方面激励物面弹性结构振动并产生辐射噪声，统称为水动力噪声。

(2) 螺旋桨噪声。该类噪声是目标中高速航行时的主要噪声源。目标航行过程中，由于螺旋桨在高度周向不均匀的目标尾流中转动，桨叶上产生的推力和扭力发生周期性脉动，相当于桨叶对周围水介质作用同样的脉动力，从而产生了以力源或偶极子源型的辐射噪声。

(3) 机械噪声。该类噪声是由目标内部机械设备，如柴油机、主推进系统、变速系统等大型旋转机械运行时产生的振动传到艇体结构后生成结构噪声并通过海水传播形成的。该类噪声处于低频段，传得较远，往往成为海洋军事目标的特征信号。

7.2.2　声隐身技术原理

对于海洋军事目标声学隐身主要包括量两类：一是针对被动声呐探测的声隐身技术，主要以降低辐射噪声为主，因此称为降噪隐身技术；二是以回避主动声呐探测为目的，实现声隐身的遮声隐身技术，通常采用对目标噪声进行遮罩，实现隐身。

7.2.2.1　降噪隐身技术

针对目标噪声产生的原因，研究人员研发了一系列降噪隐身技术。当前国际上先进的水下隐身技术主要包括以下内容。

1. 低噪声技术

水动力噪声是海洋军事目标以较大航速航行时的主要噪声来源,通常通过改进目标外部结构设计是降低水动力噪声的主要途径。比如电力推进和喷水推进技术,减少螺旋桨、齿轮减速等噪声[14];外形采用水滴型,尽量做到艇体表面光滑,减少突出体;艇上开孔数量应尽量减少,大的开孔能自动启闭,关闭后应看不到开孔;艇体结合处应采用弧形圆滑过渡,减少阻力和噪声;改变壳体及其附体形状,优化推进器的位置,重新分配吸排水的压力场,以达到减小噪声、增加推进效率、提高机动性、降低水动力信号的目的[15]。

2. 隔振降噪技术

当目标处于中、低速航行状态时,机械噪声是目标的主要噪声之一,也是影响目标隐蔽性能的重要因素。从现有技术层面看,目前还没有成熟的技术可以做到完全消除振源,因而目标的机械噪声源总是存在的,因此通过隔振技术来减小目标的机械噪声就成为目标实现水下隐身的关键。

隔振指通过设计专门的隔振结构或通过将装置与震源隔离,以减小振动噪声影响的措施。其原理是在振源与受控对象间插入一个或多个子系统,该子系统称之为隔振器,进而达到降低受控对象振动水平的目的。将隔振技术应用到目标上大型旋转机械设备的振动隔离中,可以有效地抑制由机械设备运转而产生的结构噪声,减小目标在水中的辐射噪声。目标隔振技术主要包括被动隔振技术和主动隔振技术,其中被动隔振系统根据结构不同,可进一步划分为三种类型:单层隔振系统、双层或多层隔振系统、浮筏隔振系统(图7-5)[16-18]。

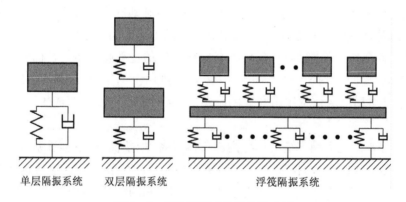

图7-5 目标隔振系统结构模式图

被动隔振系统在工程上易实现,可靠性高、经济性好。但被动隔振一般只针对某段设定好的频率进行控制,有效隔振频带窄,无法实现对减振频率的主动调节,因此难以实现复杂水下环境的目标隐身。基于以上原因,研究人员在被动隔振系统的基础上改造,设计了主动隔振系统。近年来,主动隔振技术发展迅速,它是在被动隔振的基础上,并联能产生满足一定要求的作动器,或者用作动器代替被动隔振装置的部分或全部元件,通过适当控制作动器的运动,达到隔振的目的[18]。比如胡世峰等设计的混合隔振自适应控制系统(图7-6),克服了目标被动隔振系统在中低频外界激励下无隔振效果的不足,提高了目标机械被动隔振系统在低频激励下的效果,同时也保证了其高频隔振效果[20]。

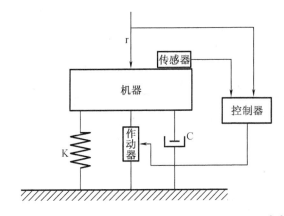

图 7-6 混合隔振自适应控制系统设计结构模式图[19]

7.2.2.2 遮声隐身技术——消声瓦

在潜艇躯干外表面加装消声瓦,用以减小被声呐探测到的距离,提高声隐身性和生存率。消声瓦覆盖在潜艇壳体表面,抑制潜艇壳体振动和吸收敌方主动声呐,降低潜艇的声反射强度。目前西方海军主要应用的消声瓦包括去耦瓦、无回声瓦、透射损失瓦和阻尼瓦四种[21]。

消声瓦内部的圆形、椭圆形、三角形或正三角形的空腔设计(消声瓦内的空腔有很多,整齐排列),实际上是便于外界主动声波到达消声瓦后,在空腔内消散或是减弱,从而降低潜艇的噪声。消声瓦的材料、结构、厚度以及所贴艇体的结构不同,其吸声效果也不尽相同。消声瓦曾设计过的结构如图 7-7 所示。消声瓦的原理图如图 7-8 所示。

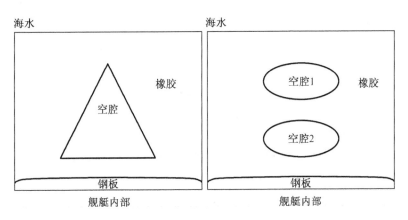

图 7-7 消声瓦曾设计过的结构

据美国海军报道,俄罗斯"台风"级潜艇敷设了 150 mm 厚的消声瓦后,可使美国 MK 46 和 MK 48 型鱼雷的主动声呐的探测距离减小到 30%~50%。这一点在美、英海军进行的联合军事训练中得到了证实。英国装有消声瓦的"壮丽"号核潜艇与美军两艘装有主动声呐的"鲟鱼"级核潜艇进行反潜战模拟对抗时,"鲟鱼"动用了各种反潜探测器却始终未能发现在其声呐工作范围内活动的"壮丽"号踪迹。

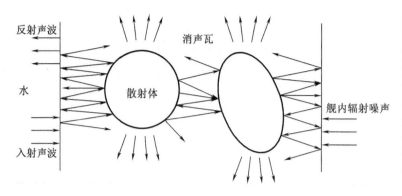

图7-8 消声瓦的原理图

在消声瓦使用之初,人们认为消声瓦的主要功能是吸收敌方主动声呐发出的探测波。随着消声瓦技术在潜艇上的广泛应用,人们发现消声瓦除具有吸声功能外,同时还能抑制艇体振动,隔离内部噪声向艇外辐射,降低本艇自噪声,改善本艇声呐的工作条件,使本艇声呐作用距离获得较大的提高。外媒曾对俄罗斯的"阿库拉"级核潜艇装备的消声瓦的评价是:"既能吸收敌方声呐发射的声波能量,又能吸收艇壳振动的辐射能量。"

当然,这需要一定的设计水平才能实现。但是,单一一种消声瓦难以同时具备良好的吸声和隔声性能,而且低频吸、隔声性能难以满足使用要求。为了最大限度地发挥消声瓦的作用,最大限度地降低潜艇的声信号特征,针对特定的频段研制出了具有不同"专长"的消声瓦。俄罗斯核潜艇的耐压壳体外表面、非耐压壳体的内表面和外表面均敷设有不同功能的消声瓦。

比如苏联的"Akula"级攻击核潜艇(图7-9),艏部铺设橡胶蒙皮材料减小航行阻力,在其舯部及艉部壳体也铺设了50~150 mm厚度的消声瓦材料,并且该型潜艇还采用双层消声瓦设计;"台风"级战略核潜艇(图7-10)铺设了100~200 mm的厚消声瓦,用以降低艇内噪声向外辐射和外部声呐对潜艇探测时的声反射强度;美国"洛杉矶"级攻击潜艇(图7-11)消声瓦采用了双层铝板固定式吸声结构,主要材料为聚氨酯和玻璃纤维,单层或双层消声瓦降低自身噪声25~40 dB;美国一些其他潜艇也采用丁基类橡胶作为消声瓦的材料;英国"机敏"级核攻击潜艇(图7-12)使用多功能复合型消声瓦,并通过聚氨酯喷涂技术保证消声瓦不易脱落并可以任意控制厚度,达到新的减震降噪效果,噪声只有100 dB;法国潜艇使用的消声瓦,早期材料为聚硫橡胶,现在材料为氯丁橡胶。

消声瓦具有吸声、隔声、抑振等多种功能,可有效降低潜艇自噪声和声目标信号强度,是提高潜艇隐蔽性的有效装备。随着科技的进步,美俄潜艇的噪声水平已经接近或低于海洋环境噪声,其中消声瓦无疑起到了十分重要的作用。

我国从"八五"期间研究消声瓦,当时使用的材料为丁苯橡胶,根据潜艇外壳的尺寸,用胶黏剂粘贴在潜艇表面并在四角使用螺栓式加固,出现的缝隙用其他物质填充,后续逐渐改进的消声瓦使用了复合型橡胶,并在增加厚度的同时,在空腔内加入惰性气体,进一步减小噪声。

图 7-9 "Akula"级攻击核潜艇

图 7-10 "台风"级战略导弹核潜艇

图 7-11 "洛杉矶"级攻击核潜艇

图 7-12 "机敏"级攻击核潜艇

039B 型常规动力攻击潜艇,是我国自主研制的第三代常规动力潜艇,配备新一代消声瓦,并配合多层浮筏减振、管路吸声等新技术。指挥台围壳也经过重新设计,细节处采用了三元流体线型进行优化,而且顶部平滑,不容易引起水动力噪声,有助于改善指挥塔前缘水流分离现象,抑制涡流产生,从而提高了潜艇的安静性和隐蔽性,并成功地将该潜艇的噪声降低到 110dB 以下。

7.2.3 应用案例

7.2.3.1 美国"海狼"级核动力快速攻击潜艇隐身设计

在设计之初,希望将其静音效果提升到新的水平,目的是将其应用于各大洋,包括北冰洋冷水对抗的未来核潜艇,并继续保持美国潜艇的静音领先优势。"海狼"级潜艇(图 7-13)的帆罩前方有一倾斜弯角造型,这是第一次出现在美国潜艇上的特征,该设计是用来降低海水流经帆罩产生的噪声,舰体的其他接缝、舱盖和水柜开口等处也经过精心设计,使其尽可能简洁平滑,降低流体阻力与噪声。与 688-Ⅰ型一样,"海狼"级内部所有的辅机都装置在减震浮筏上,充分考虑辅机的隔音性能,舰体外部覆盖着可减低自身噪声且降低敌方声呐回波的橡胶消声瓦,以及一些主动降噪减震的技术。"海狼"级潜艇的舰体设计得较大,使得辅机拥有双重减震平台(等于是三重舰壳),比"俄亥俄"级战略核潜艇以外的核潜艇多一层外壳,进一步降低传入海中的噪声与震动。"海狼"级潜艇共设有26个散布于潜艇外壳的噪声、震动侦测器,能检查不明来源的噪声或震源,从而进行控制与修正;而"洛杉矶"级核潜艇只装有9个传感器。"海狼"级使用一具功率高达52 000 hp(约38.8 MW)的S6W核反应堆,这种反应堆虽然拥有较为复杂的循环回路系统,其自循环比率超过了30%,使得性能上对加压循环泵浦的依赖程度大幅下降,提高静音效果的同时也增加航速。

图7-13 美国"海狼"级核动力快速攻击潜艇

7.2.3.2 美国"弗吉尼亚"级攻击核潜艇隐身技术

美国"弗吉尼亚"级攻击核潜艇(图7-14、图7-15)武器荷载量、航行速度和潜航深度都不如"海狼"级攻击核潜艇,但是其静音能力承袭了"海狼"级潜艇的超高水平。首先,"弗吉尼亚"级核潜艇的主机舱采用浮筏式减震的整体模块设计,大幅降低潜艇内部因机械产生的艇上噪声;其次,该级艇拥有各项与"海狼"级相同的新型静音技术,例如仔细设计的轮机/管路设置、潜艇外壳外部采用了新型的聚氨酯整体浇筑式消声瓦、降低水流噪声的潜艇外形设计、主机的弹性减震基座以及新型泵喷式推进器等;全艇各处总共设有600个噪声/震动侦测器("海狼"级只有26个),随时监控艇上各处的震动情况,发现异常便立刻报警;此外,为了应对感应水雷,降低引爆概率,"弗吉尼亚"级攻击核潜艇也使用了新型的消磁技术,应对海域内布置的水雷。

图7-14 "弗吉尼亚"级攻击核潜艇水下模拟图

图 7-15 "弗吉尼亚"级攻击核潜艇

参 考 文 献

[1] 续元君. 水下目标探测关键技术研究[D]. 大连:大连海事大学,2011.
[2] 马梅真. 水下目标识别技术研究[D]. 哈尔滨:哈尔滨工程大学,2007.
[3] 王素红. 声呐技术及其应用[J]. 现代物理知识,2016,21(6):40-42.
[4] 刘卓夫. 基于图像内容的水下目标识别技术研究[D]. 哈尔滨:哈尔滨工程大学,2004.
[5] 余西. 基于模糊理论的水下图像分割与识别算法研究[D]. 武汉:华中科技大学,2005.
[6] 胡红波,邱继进,马爱民. 基于 Matlab 神经网络的水下目标识别[J]. 情报指挥控制系统与仿真技术,2005,27(5):52-54.
[7] 史俊汉. 目标辐射噪声特征提取方法研究[D]. 哈尔滨:哈尔滨工程大学,2008.
[8] 章新华,王骥程,林良骥. 基于小波变换的舰船辐射噪声特征提取声学学报,1997,22(2):139-143
[9] 张艳宁. 自适应子波、高斯神经网络及其在水中目标被动识别中的应用[D]. 西安:西北工业大学,1996.
[10] 徐海亭. 水下目标隐身技术与回波特性研究[C]// 面向21世纪的科技进步与社会经济发展(上册). 中国科协学术年会,1999.
[11] 杨日杰,高学强,韩建辉. 现代水声对抗技术与应用[M]. 北京:国防工业出版社,2008.
[12] 何琳. 潜艇声隐身技术进展[J]. 舰船科学技术,2006,28(Z2):9-17.
[13] 朱石坚,何琳. 舰船水声隐身技术(一)[J]. 噪声与振动控制,2002(3):17-19.
[14] 侯振宁. 舰艇隐身技术的发展现状[J]. 舰船电子对抗,2000(2):19-23.

[15] 王勇,鲁克明,余广平,等. 国外潜艇声隐身技术的现状及发展方向[J]. 舰船科学技术,2010,30(1):1-4.

[16] 宋港. 动力吸振器在潜艇隔振设备中的应用研究[D]. 南京:南京航空航天大学,2012.

[17] 李华杰. 船用柴油机浮筏隔振系统隔振性能的分析与研究[D]. 西安:西安理工大学,2014.

[18] 尚国清,李巍. 关于舰船浮筏系统的特征演化[J]. 舰船科学技术,1999(1):21-23.

[19] 李雨时,周军,钟鸣,等. 基于压电堆与橡胶的主被动一体化隔振器研究[J]. 振动、测试与诊断,2013,33(4):571-577.

[20] 胡世峰,朱石坚,楼京俊,等. 潜艇动力设备混合隔振自适应控制系统[J]. 噪声与振动控制,2011,31(3):107-111.

[21] 胡家雄,伏同先. 21世纪常规潜艇声隐身技术发展动态[J]. 舰船科学技术,2001(4):2-5.

第8章 海洋工程声学调查技术及其应用

8.1 海洋水深测量

8.1.1 基本概念

海底地形测量是测量海底起伏形和地物的工作,是陆地地形测量向海域的延伸。海底地形按照测量区域可分为海岸带、大陆架和大洋三种海底地形。海底地形测量特点是测量内容多、精度要求高、内容详细。测量的内容包括水下工程建筑、沉积层厚度、沉船等人为障碍物、海洋生物分布界和水文要素等,通常对海域进行全覆盖测量,确保详细测定测图比例尺所能显示的各种地物地貌,是为海上活动提供重要资料的海域基本测量[1]。目前,海底地形测量中的定位通常用GPS,在近岸观测条件比较复杂的水域,也采用全站仪[2]。

水下地形测量的发展与其测深手段的不断完善是紧密相关的,20世纪70年代出现的回声测深仪,利用水声换能器垂直向水下发射声波并接收水底回波,根据其回波时间来确定被测点的水深[3]。本章在介绍回声测深系统工作原理、组成及其数据处理理论的基础上,还讨论了与水下地形的实施方法相关的数据处理理论和海底地形图的绘制和表达方法。

8.1.2 原理、方法与装备

8.1.2.1 回声测深

回声测深是利用声波在水中的传播特性测量水体深度的技术。声波在均匀介质中直线传播,在不同界面上产生反射,利用这一原理,选择对水的穿透能力最佳、频率在1500 Hz附近的超声波,在海面垂直向海底发射声信号,并记录从声波发射到信号由水底返回的时间间隔,通过模拟或直接计算,测定水体的深度[4]。装载于测量船之下的发射机换能器,垂直向水下发射一定频率的声波脉冲,以声速 c 在水中传播到水底,经反射或散射返回,被接收机换能器所接收[5]。令自发射脉冲声波的时刻起,至接收换能器收到水底回波时间为 t,换能器的吃水深度为 D,则水深 H 为

$$H = \frac{1}{2}ct + D \tag{8-1}$$

回声测深仪由发射机、接收机、发射换能器、接收换能器、显示设备和电源部分组成[6],

具体如下:

发射机通常包括振荡电路、脉冲产生电路、功放电路。其在中央控制器的控制下,按照预先设定参数,周期性地发射固定频率、固定脉冲宽度和固定电功率的电振荡脉冲,并向海水中辐射[7]。发射换能器是一个将电能转换成机械能,再由机械能通过弹性介质转换成声能的电声转换装置。它将发射机每隔一定时间间隔送来的有一定脉冲宽度、一定振荡频率和一定功率的电振荡脉冲,转换成机械振动,并推动水介质以一定的波束角向水中辐射声波脉冲。

接收机主要功能是将换能器接收的微弱回波信号进行检测、放大,并经处理后送入显示设备[8]。接收换能器是一个将声能转换成电能的声-电转换装置。它可以将接收的声波回波信号转变为电信号,然后再送到接收机进行信号放大和处理。现在许多水声仪器都采用发射与接收合为一体的换能器。为防止发射时产生的大功率电脉冲信号损坏接收机,通常在发射机、接收机和换能器之间设置一个自动转换电路。当发射时,将换能器与发射机接通,供发射声波用;当接收时,将换能器与接收机接通,切断与发射机的联系,供接收声波用。

显示设备直观地显示所测得的水深值。目前常用的显示设备有指示器式、记录器式、数字显示式、数字打印等。显示设备的另一功能是产生周期性的同步控制信号,控制与协调整机的工作。电源部分主要为全套仪器提供所需要的各种电源。

为了求得实际正确的水深而对回声测深仪实测的深度数据施加改正数,即回声测深仪改正数,这种改正主要是由于回声测深仪在设计、生产制造和使用过程中产生的误差造成的。回声测深仪总改正数的求取方法主要有水文资料法和校对法。前者用于水深大于20 m的水深测量,后者用于小于20 m的水深测量。

水文资料法改正包括吃水改正数 ΔH_b、转速改正数 ΔH_n 及声速改正数 ΔH_c。

(1)吃水改正数 ΔH_b。测深仪换能器有两种安装方式:一种是固定式安装,即将体积较大的换能器固定安装在船底;另一种是便携式安装,即将体积较小的换能器进行挂式安装。无论哪一种换能器,都安装在水面下一定距离。水面至换能器底面的垂直距离称为换能器吃水改正数 ΔH_b。若 H 为水面至水底的深度,H_s 为换能器底面至水底的深度,则 ΔH_b 为

$$\Delta H_b = H - H_s \tag{8-2}$$

(2)转速改正数 ΔH_n 是由于测深仪的实际转速 n_s 不等于设计转速 n_0 所造成的。记录器记录的水深是由记录针移动的速度与回波时间所决定的。当转速变化时,记录的水深也将改变,从而产生转速误差。转速改正数 ΔH_n 为

$$\Delta H_n = H_s \left(\frac{n_0}{n_s} - 1 \right) \tag{8-3}$$

(3)声速改正数 ΔH_c 是因为输入测深仪中的声速 c_m 不等于实际声速 c_0 造成的测深误差,则 ΔH_c 为

$$\Delta H_c = H_s \left(\frac{c_0}{c_m} - 1 \right) \tag{8-4}$$

综上所述,测深仪总改正数 ΔH 为

$$\Delta H = \Delta H_b + \Delta H_n + \Delta H_c \tag{8-5}$$

校对法是将检查板、水听器等,置于换能器下方一定深度 H 处,与测深仪在当时当地的实测深度 H_s 做比较,其差值 ΔH 为测深仪总改正数。

8.1.2.2 多波束测深系统

20 世纪 70 年代,在单波束测深仪的基础上,多波束测深系统逐渐发展起来。声换能器在与航线垂直的横断面内,一次能够给出数十个甚至上百个测深点,获得一条一定宽度的全覆盖水深条带,能够精确、快速地测定沿航线一定宽度范围内水下目标的大小、形状和高低变化,从而比较可靠地描绘出海底地形、地貌的精细特征。

与单波束回声测深仪相比,多波束测深系统具有测量范围大、速度快、精度和效率高等优点[9],将传统的测深技术从点、线扩展到面,并进一步发展到立体测深和自动成图,在真正意义上实现了海底地形的面测量。

1976 年,第一台多波束测深系统 SeaBeam,工作频率 12 kHz,最大测深量程 11 000 m,16 个波束,波束宽度 $2.66°\times2.66°$,扇面开角 $42.67°$,扫描宽度约为水深的 0.8。

1. 多波束声学系统组成

多波束声学系统主要由换能器、数据采集系统、外围辅助传感器等组成。

①换能器主要对波束进行发射和接收,属于电声相互转换的传感器设备;

②多波束数据采集系统记录声波往返程时间,并计算传播距离;

③外围辅助传感器包括 GNSS、姿态传感器、声速剖面仪、电罗经数据处理系统,主要负责综合处理声波测量、定位、船姿、声速剖面和潮位等信息,计算波束脚印的坐标和深度(海底地形点),并绘制海底平面或三维图,用于海底的勘察和调查。

2. 多波束测深系统的声学原理

(1)相长干涉、相消干涉和换能器的指向性

①等方向性传播(图 8-1)。一个单波束在水中发射后,以球形等幅度传播,所有方向上的声能相等。由于这种波束没有方向性,不能区分来自不同方向同距离的目标,因此不能用于测深。

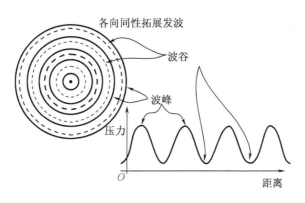

图 8-1 波的等方向性传播

②相长干涉和相消干涉(图 8-2)。两个相邻的声波发射器发射相同的等方向性的声信号,两个声波束将互相重叠和干涉,两个波峰或者两个波谷之间的叠加会增强波的能量

(相长干涉),而波峰与波谷的叠加正好互相抵消声波的能量(相消干涉)。相长干涉发生在距离每个发射器相等的点或者整波长处,而相消干涉发生在相距发射器半波长或者整波长加半波长处[10]。

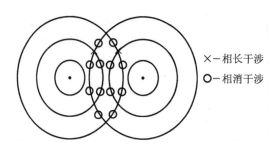

图 8-2 相长干涉和相消干涉

③波束的指向性(图 8-3)。声呐基阵两个发射器的间距为 $\lambda/2$(半波长)时,不同的角度有不同的能量分布,这就是波束的指向性。若一个发射基阵的能量分布在狭窄的角度中,则称该系统的指向性高。

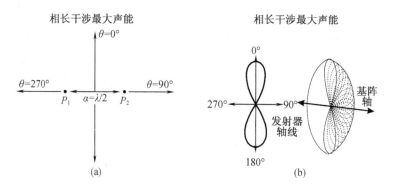

图 8-3 波束指向性图

④波束角和波束宽度。换能器基阵通常由多个发射器组成直线阵列、圆形阵列等。发射和接收波束一般包括主叶瓣(能量集中,测量信息)、侧叶瓣和背叶瓣(干扰信息)。其中,主叶瓣半功率(1/2 声能)处相对于发射基阵中心的角度,称为波束角;与波束角对应的横向距离,则为波束宽度。发射器越多,基阵越长,则波束角越小,指向性越高。

波束角 θ 为

$$\theta = 50.6 \times \frac{\lambda}{D} \qquad (8-6)$$

减小波长 λ 或增大基阵长度 D,均可以提高波束的指向性。但是波长越小,声能在水中的衰减越快,而基阵长度也不可能无限增大。

(2)换能器基阵的束控

为了获得有效的测量信息,减小扰动信号的影响,在实际测量过程中,尽可能将发射和接收信号的能量聚集在主叶瓣,对侧叶瓣和背叶瓣的信号进行抑制[11]。主要的加权方法是幅度加权法,即对幅度进行三角加权、余弦加权和高斯加权,其中高斯加权是最理想的加权函数。

(3)波束的发射、接收

波束发射是压电陶瓷根据预先分配在两级上的高频震荡电压产生压力,并将该压力转换为高频震荡声波发送出去。波束接收是当高频震荡声波打击到压电陶瓷上时,压电陶瓷同样产生压力,并随着压力的变化,产生相应的高频震荡电压[12]。

3. 多波束测深数据处理

①波束脚印。发射波束在海底的投影区同接收波束在海底的投影区相重叠而构成的矩形投影区[7]称为波束脚印。

②船体参考坐标系 VFS。建立多波束船体参考坐标系 VFS,并根据船体坐标系同当地坐标 LS(local location system)之间的关系,将波束脚印的船体坐标转化到地理坐标系(或当地坐标系)和某一深度基准面下的平面坐标和水深。该过程即为波束印的归位。船体坐标系原点位于换能器中心(图 8-4),x 轴指向航向,z 轴垂直向下,y 轴指向侧向,与 x、z 轴构成右手正交坐标系。当地坐标系原点为换能器中心,x 轴指向地北子午线,y 轴同 x 轴垂直指向东,z 轴与 x、y 轴构成右手正交坐标系[13]。

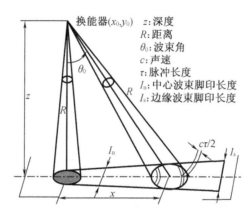

图 8-4 单个波束信号接收

4. 波束投射点位置的计算

①姿态改正。换能器的动吃水对深度有直接影响。船体横摇对波束到达角有一定的影响,对于补偿性多波束系统,船体的横摇在波束接收时已经得到改正;对于无补偿性系统,通过扩大扇面角来实现回波的接收[14]。纵摇一般较小,可以不考虑。垂荡直接影响换能器的吃水深度,需进行动态吃水改正。

②船体坐标系下波束投射点位置的计算。根据波束到达角(即波束入射角)、往返程时间和声速剖面,计算波束投射点在船体坐标系下的平面位置和水深[15]。

③波束投射点地理坐标计算。根据航向、船位和姿态参数计算船体坐标系和地理坐标系之间的转换关系,并将船体坐标系下的波束投射点坐标转化为地理坐标。

④波束投射点高程的计算,根据船体坐标系原点与某一已知高程基准面之间的关系,将船体坐标系下的水深转化为高程[15]。

为了便于计算做出如下假设：

①换能器处于一个平均深度,静、动吃水仅对深度有影响,而对平面坐标没有影响;

②波束的往返程声线重合;

③对于高频发射系统,换能器航向变化影响可以忽略(只适用于浅水测量)。

5. 船体坐标计算

船体坐标的计算需要用到三个量,即垂直参考面下的波束到达角(声线跟踪及弯曲改正)和声速剖面假设。

(1)声线跟踪与弯曲改正

声线在海水中不是沿直线传播,而是在不同水层的界面处发生折射,成为一条折线[15]。为了得到波束脚印的真实位置,就必须沿着波束的实际传播路线跟踪波束[16],并通过声线跟踪得到波束投射点在 VFSF 坐标的计算过程。

声线弯曲改正:通过声线跟踪得到波束投射点在 VFS 下的计算过程。

(2)声速剖面的假设

①声速剖面是精确的,无代表性误差;

②声速在波束传播的垂直面内发生变化,不存在侧向变化;

③声速在海水中的传播遵循 Snell 法则:

$$\frac{\sin\theta_0}{c_0} = \frac{\sin\theta_1}{c_0} = \cdots = \frac{\sin\theta_n}{c_0} = P \tag{8-7}$$

c_i 和 θ_i 分别为层内声速和入射角。

换能器中心在 VFS 下的坐标为 (X_0, Y_0, Z_0),若划分为 N 个水层,且水分层内为常声速(零梯度),则波束脚印的 VFS 坐标为

$$z = z_0 + \sum_{i=1}^{N} c_i \cos\theta_i \Delta t_i \tag{8-8}$$

$$y = y_0 + \sum_{i=1}^{N} c_i \cos\theta_i \Delta t_i \tag{8-9}$$

$$x = x_0 \tag{8-10}$$

式中,θ_i 为波束在层表层处的入射角;c_i 和 Δt_i 为波束在层 i 内的声速和传播时间。其一级近似式为

$$z = z_0 + c_0 T_p \cos\frac{\theta_0}{2} \tag{8-11}$$

$$y = y_0 + c_0 T_p \sin\frac{\theta_0}{2} \tag{8-12}$$

$$x = x_0 \tag{8-13}$$

式中,T_p 为波束往返程时间;θ_0 为波束初始入射角;c_0 为表层声速。

波束脚印的船体坐标确定后,下一步便可将之转化为地理坐标。转换关系为

$$\begin{bmatrix} x \\ y \end{bmatrix}_{LLS} = \begin{bmatrix} x_0 \\ y_0 \end{bmatrix}_G + R(r,p,h) \begin{bmatrix} x \\ y \end{bmatrix}_{VFS} \tag{8-14}$$

式中,下脚标 LLS、G、VFS 分别代表波束脚印的地理坐标(或地方坐标)、GPS 确定的船体坐

标系原点坐标(也为地理坐标系下坐标,是船体坐标系和地理坐标系间的平移参量)和波束脚印在船体坐标系下的坐标;$R(r,p,h)$ 为船体坐标系与地理坐标系的旋转关系,航向 h、横摇 r 和纵摇 p 是三个欧拉角。

若换能器活性面中心被选作船体坐标系的原点,确定的深度 z 仅为换能器面到达海底的垂直距离,实际深度还应考虑换能器的静吃水 h_{ss}、动吃水 h_{ds}、船体姿态对深度的影响 h_a,若潮位 h_{tide} 是根据某一深度基准面或者高程基准面确定的,则波束在海底投射点的高程为

$$h = h_{tide} - (z + h_{ss} + h_{ds} + h_a) \tag{8-15}$$

换能器的静吃水在换能器被安装后量定,作为一个常量输入多波束数据处理单元中;动吃水是因船体的运动而产生的,它可通过姿态传感器 Heaven 参数确定[14]。船体姿态对波束脚印地理坐标也有一定的影响,它会使扇面绕 x 或 y 轴产生一定的旋转,其旋转角量可通过姿态传感器的横摇 r 和纵摇 p 参数确定[15]。

8.1.3 应用案例

8.1.3.1 海图制图

海图制图是设计、编绘、制印海图的各项工作的总称,包括海图设计、编辑准备、原图编绘、出版准备和印刷出版等阶段,各阶段的内容与一般的地图编制大致相同。现代海图的形式,随着科学技术的发展也在增多,除纸质海图以外,现已出现了数字海图形式和电子海图。

海图制图也称海图编辑准备工作,是海图生产的第一道工序,也是技术最复杂,对未来海图的内容、表现形式和质量影响最大的一道工序。它的任务是根据上级或委托单位的意图(即海图的用途和要求),在搜集和分析制图资料以及研究制图区域地理特征的基础上,视制图单位的设备和人员等技术条件,选择适当的作业方法和工艺程序,选定海图数学基础,确定海图的内容及其载负量和表示方法并制订出海图编辑文件。对于缺乏现成规范的成套、成册多幅图的编制,还应编制试验样图。

海图编辑设计工作的内容,随制图任务、资料情况、区域特点、生产设备和编图方法的不同而有所差别。其共同的基本内容包括:

(1)确定图的性质、特点和制图范围;
(2)确定数学基础及精度要求;
(3)确定海图分幅、图面配置;
(4)广泛搜集、分析、评价资料,确定资料使用程度和方法;
(5)确定表示内容,制订表示方法,确定选取指标和概括原则;
(6)制订图例符号,确定制图工艺和程序;
(7)制订作业计划和组织实施;
(8)编写指导海图编绘和印刷前准备工作的技术设计书。

在科技水平不断进步的推动下,构建完全的、精密的和高覆盖海底的海图制图系统成为可能。在深海声音传感技术的迅速发展下,逐渐产生了新的和快速的海底测量成像手

段。运用水深测量方法测得海底高程进行绘图,在 GIS 行业快速发展的今天,电子海图已经越来越受到人们的欢迎(图 8-5)。

图 8-5 电子海图

8.1.3.2 港口航道清淤

我国疏浚行业的发展已有数百年历史,在经济全球化浪潮和国际贸易快速发展的推动下,为适应集装箱及油轮运输大型化发展的需求,我国各地纷纷兴建港口、拓宽并挖深沿海航道,以提高通航能力,因此疏浚行业得到了快速的发展。与此同时,随着港口、航道、农田水利及沿海城市的发展,因此疏浚作业领域也得到了较大程度的延伸,从传统的港口航道疏浚及维护、江河湖泊治理及水利设施兴建,先后拓展至农田水利与水库建设及维护、国防工程建设、环境保护疏浚、吹填造陆等领域。

1998 年,日照港为满足到港散货船舶吃水要求,使用较少的资金将原有 1.5 万吨级 9 号泊位改造成 5 万吨级泊位。泊位水深由 11.0 m 加深到 14.0 m。经可行性研究认为:码头结构、基础、前沿停泊水域都能在安全可靠的条件下满足改造的需要。首先根据受力条件的变化,对码头进行了整体稳定验算和结构局部强度验算,加大了护舷,规定了系船要求。其次,对码头基床进行了改造,使用抓斗挖泥将抛石基床由暗基床改变为明基床,并将泊位水深浚深至 14.0 m,除抓斗挖泥船需要精心施工,做到定点、定深开挖外,还需要潜水员配合对码头前肩进行整平和护坡。

拓宽和浚深航道和港口水域,应该先进行规划设计。进行疏浚工程会破坏原来的自然平衡。自然力总是趋向于恢复固有的平衡状态。在内河水流、河口和海岸的潮流、沿岸流、异重流、波浪等动力作用下,泥沙不断运动并在挖槽中沉积,造成回淤,导致疏浚的成果丧失或减少。所以在进行规划设计时,要了解和掌握挖泥区各种动力因素与泥沙运动的关系,考虑减淤措施[17]。航道疏浚设计包括挖槽定线,挖槽断面尺寸的确定,挖泥船的选择和弃土处理方法等。

挖槽定线:选择航行便利、安全和回淤率小的挖槽轴线必须考虑水流动力条件和自然演变趋势。如内河浅滩,挖槽位置应选在水流输沙能力最强的区域,走向与枯水流向一致,交角不宜大于 15°,使上游来沙顺利通过以保持挖槽稳定。潮汐河口挖槽,应选在落潮主流深泓线上;在有多条岔道时则应选取其中输沙量较少、平面较稳定、涨落潮流路较一致、落潮流占优势的主流线上,以利泥沙出海。海岸港口挖槽轴线方向的选定尤其要考虑水文、气象和船舶操纵性能等因素,避免航道方向与强风、大浪方向的夹角过大。如港址在沿岸漂沙严重地区,须筑堤拦沙或用喷射泵从沿岸流上方吸取漂沙经海底管线越过航道输往下方。

挖槽断面尺寸的确定:航道挖槽断面尺寸既要满足船舶安全行驶,又要避免尺寸过大导致疏浚量过多。航道挖槽宽度的确定应根据船舶的类型和航行性能,风、浪、流的漂移作用,航行密度所要求的单线或双线,由于避免岸吸和船吸作用以及船与岸、两船交会所需间距,以及助航设施等,通常单航线挖槽底宽取 5~7 倍船宽,双航线取 8~10 倍船宽。限制性航道或环境条件差的采用高值;弯曲段应有附加的富裕宽度。挖槽深度的确定应根据船舶满载吃水再加上船的纵倾、横摇、航速所引起的下坐和考虑底质软硬所需的最小的富裕水深。维护性疏浚尚需预留同两次施工间断时期的回淤厚度相适应的备淤水深。挖槽形状通常为对称的梯形断面,采用挖区土质在水中和动力条件下自行稳定的边坡。如果横流或水流同挖槽轴线交角较大,可采用不对称的横断面,即在来水来沙一侧超深挖一两条垄沟,用以截留泥沙并经常清除淤积,既可免致挖槽横向位移,又可减少挖淤和航行的相互干扰。需要采用水下测量的方法形成水下的海底地形图。

挖泥船的选择:疏浚选用何种挖泥船,主要取决于疏浚物质的性质以及施工区气象、水文、地理环境等条件。在风浪大又无掩护的滨海和河口地区,宜选用自航式耙吸挖泥船;水底为硬土环境时选用铲斗挖泥船;作业面小的情况下,例如在港口的码头前沿,宜用抓斗挖泥船。挖泥船作业时,要避免妨碍运输船舶航行,注意安全操作和设施的齐备。在现场要标定挖槽的准确位置,布设水位信号、挖泥和卸泥区标志,经常进行水深测量,提高挖泥船运转时间,研究改进挖泥方法。

弃土处理方法:保证疏浚成效的重要环节之一是处理好弃土,其要求挖出来的泥沙首先不能回至挖槽形成人为回淤,同时也不能影响邻近航道、港口[18]。通常弃土处理方法包括水中抛卸和送泥上岸两种方法。前者在内河施工中使用弃土填充丁坝、顺坝等整治建筑物的堤心或抛卸于深潭;在河口和港湾的浅水区施工中多用弃土填筑人工岛或造陆,这样须先筑围堤以防弃土流失;深水抛卸通常在外海进行。后者送泥上岸要选择好吹填地,主要考虑岸坡的稳定性、容泥量;河流边上填泥造陆时不能影响河道的稳定,大多先筑围埝,高岸则采用泥泵管线吹填[18]。

8.2 水下声学定位

8.2.1 基本概念

相对于无线电信号,声信号在海水中传播衰减很小,可以传播较远的距离。在非常低的频率(200 Hz 以下)时,声音在海水中可以传播至几百千米,即使 2 kHz 的声波在水中的传播衰减也只有 2~3 dB/km,所以海洋中探测、导航、定位和通信主要采用声波[19]。海水具有良好的导电性,电磁波在海水中传播衰减迅速,从而也限制了基于无线电的常规导航技术在水下定位和导航中的应用。从广义上说,一切利用水下声波进行定位的技术都可以称为水声定位与导航的技术。狭义上,水下定位与导航是为载体进行定位又具有导航功能的技术手段。在这里,主要介绍一下水声定位技术。

水声定位系统主要指的是可用于局部区域精密定位导航的系统[20]。水声定位系统分为长基线系统、短基线系统和超短基线系统。所谓长基线、短基线,通常用声基线的距离或者激发的声学单元的距离来对声学定位系统进行分类。在短基线定位系统的基础上,进一步缩短水听器阵列的距离,则形成超短基线定位系统。各类水声定位系统基线的长度可见表 8-1。

表 8-1 水声定位系统分类

分类	声基线长度
长基线 LBL	100~6 000 m
短基线 SBL	10~50 m
超短基线 SSBL/USBL	<1 m

实际上分类方法没有绝对的标准,可以从两方面理解。

从基线长度上理解,长基线定位系统是指基线长度可与海深相比拟的定位系统,例如海深 500 m,而基线长度是 1 000 m。短基线定位系统中基线长度远小于海深,例如海深 500 m,而基线长仅有几米或几十米。超短基线定位系统则是基线长度极小(小到几厘米),且几个阵元构成一体的定位系统[21]。

从定位方法上理解,长基线或短基线定位系统是通过时间测量获得距离从而解算目标位置的定位系统,长基线可长达几百米,短基线为几十米。而通过相位测量来进行定位解算的系统,其基线长度必然极小,这就是超短基线定位系统。

各类水声定位系统都有其自身的优点与缺点。长基线系统因其基线较长,所以定位精度高;缺点是在深水使用时,位置数据更新率较低,并且作业过程较为复杂。短基线系统的精度虽然比长基线系统的低一些,但进行导航定位作业时比较方便,不需要放置并标校多个应答器。超短基线的精度往往比以上两个系统都低,这是因为它只有一个紧凑的、尺寸很小的声基阵安装在载体上。此外,它无须布放和标校应答器阵,通过精心设计,其精度也可能接近长基线系统的精度。

8.2.2 原理、方法与装备

水下声学定位是在水底设置若干水下声标,首先利用一定的方法测定这些水下声标的相对位置,然后在测量船只相对陆上大地测量控制网位置的同时,确定船只相对水下声标的位置(图 8-6)。通过这样的同步测量,完成水下声标控制点相对陆上统一坐标系的联测工作。然后,处于未知位置的船只,通过发射设备向水中发射声脉冲询问信号时,水下声标接收该信号并发回应答信号(也可由水下声标主动发射信号),应答信号被船只接收并经过计算机处理,就可以得到船只的定位结果。

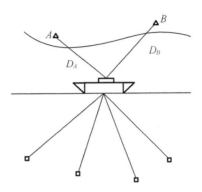

图 8-6 水下声学定位原理

水声定位系统通常有测距和测向两种定位方式。

(1)测距定位方式:船台发射机通过安置在船底的换能器 M(图 8-7)向水下应答器 P(位置已知)发射声脉冲信号(询问信号),应答器接收该信号后即发回一个应答声脉冲信号。船台接收机记录发射询问信号和接收应答信号的时间间隔,通过式(8-16)即可算出船至水下应答器之间的距离。

$$S = \frac{1}{2}ct \tag{8-16}$$

由于应答器的深度 Z 已知,于是通过下式可以求出船台至应答器之间的水平距离 D:

$$D = \sqrt{S^2 - Z^2} \tag{8-17}$$

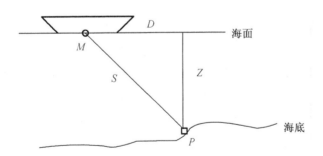

图 8-7 水声测距定向原理

当有两个水下应答器时,则可以获得两个距离,以双圆方式交会出船台位置。若对三个及以上水下应答器进行测距,可采用最小二乘法求出船位的平差值。

(2)测向定位方式:在船台上除了安置换能器外,还要在船的两侧各安置一个水听器 a 和 b。设 PM 方向与水听器 a、b 连线的夹角为 θ,a、b 之间的距离为 d,且 $aM = bM = d/2$。

首先换能器 M 发射询问信号,水下应答器 P 接收后,发射应答信号,水听器 a、b 和换能器 M 均可接收到应答信号。由于 a、b 之间距离与 P、M 之间距离相比甚小,因此可视发射与接收信号方向相互平行。但是 a、M、b 至 P 的距离并不相等,若以 M 为中心,显然 a 收到的信号相位比 M 要超前,而 b 收到的信号相位比 M 要滞后。设 Δt 和 $\Delta t'$ 分别为 a 和 b 相位超前和滞后的时延,那么 a、b 接收信号的相位分别为

$$\Phi_a = \Delta\omega t = -\frac{\pi d\cos\theta}{\lambda} \tag{8-18}$$

$$\Phi_b = \Delta\omega t' = \frac{\pi d\cos\theta}{\lambda} \tag{8-19}$$

于是水听器 a、b 的相位差为

$$\Delta\Phi = \Phi_b - \Phi_a = \frac{2\pi d\cos\theta}{\lambda} \tag{8-20}$$

当 $\theta = 90°$ 时,a 和 b 的相位差为 0,此时船首线位于 P 的正上方。所以只要在航行中使用水听器 a 和 b 接收到的信号相位差为 0,就能引导船至水下应答器的正上方。

水声定位系统通常包括船台设备和水下设备。船台设备包括一台具有发射、接收和测距功能的控制与显示设备和置于船底或船后"拖鱼"内的换能器以及水听器阵。水下设备主要是声学应答器基阵,即固设于海底的位置已准确测定的一组应答器阵列。下面分别介绍系统中的这些水声设备。

换能器:是一种声电转换器,能根据需要使声振荡和电振荡相互转换,为发射或接收信号服务,起着水声天线的作用。最常使用的是磁致伸缩换能器和电致伸缩换能器。磁致伸缩换能器的基本原理是当绕有线圈的镍棒(通电)在交变磁场作用下会产生形变或振动而产生声波,电能转变成声能;而磁化了的镍棒,在声波的作用下产生振动,从而使镍棒内的磁场也相应变化而产生电振荡,声能转变为电能。

水听器:本身不发射声信号,只是接收声信号。通过换能器将接收的声信号转变为电信号,输入船台或岸台的接收机中。

应答器:既能接收声信号,而且还能发射不同于所接收的声信号频率的应答信号,是水声定位系统的主要水下设备,它也能作为海底控制点的照准标志(即水生声标)。

水声定位系统可采用许多不同的工作方式进行工作,如直接工作方式、中继工作方式、长基线工作方式、拖鱼工作方式、短基线工作方式、超短基线工作方式和双短基线工作方式,等等[22]。不同的水声定位系统可以具有一种或多种工作方式。这里仅介绍三种最基本工作方式的定位系统:长基线定位系统(LBS)、短基线定位系统(SBS)和超短基线定位系统(ESBS)。

8.2.2.1 长基线声学定位系统

长基线系统包括两部分,一部分是安装在船只上或水下机器人上的收发器,另一部分是一系列已知位置的固定在海底上的声标或应答器,由这些应答器之间的距离构成基线[23]。由于基线长度在百米到几千米之间,相对短基线和超短基线,该系统被称为长基线系统。长基线声学定位系统是通过测量收发器和应答器之间的距离,采用测量中的前方或后方交会实施定位,所以系统与深度无关,也不必安装姿态和电罗经设备[24]。实际工作时,它既可利用一个应答器进行定位,也可同时利用两个、三个或更多的应答器来进行测距定

位(图 8-8)。

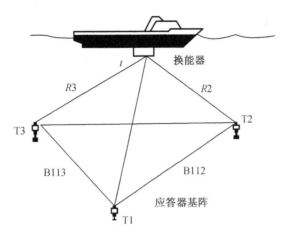

图 8-8 长基线测距定位方式

现以三个水下声标为例介绍该定位系统的计算方法。设 (x_i,y_i,z_i) 为水下声标的平面坐标,(x_p,y_p,z_p) 为测量船的平面坐标,S_i 为测量船至水下声标的斜距。其测量方程为

$$\begin{cases} S_1^2 = (x_p - x_1)^2 + (y_p - y_1)^2 + (z_p - z_1)^2 \\ S_2^2 = (x_p - x_2)^2 + (y_p - y_2)^2 + (z_p - z_2)^2 \\ S_3^2 = (x_p - x_3)^2 + (y_p - y_3)^2 + (z_p - z_3)^2 \end{cases} \quad (8-21)$$

设 $n_i = x_i^2 + y_i^2 + z_i^2 - S_i^2 - 2z_i z_p$,则有

$$\begin{cases} x_p = \dfrac{n_1(y_3 - y_2) + n_2(y_1 - y_3) + n_3(y_2 - y_1)}{2[x_1(y_3 - y_2) + x_2(y_1 - y_3) + x_3(y_2 - y_1)]} \\ y_p = \dfrac{n_1(x_3 - x_2) + n_2(x_1 - x_3) + n_3(x_2 - x_1)}{2[y_1(x_3 - x_2) + y_2(x_1 - x_3) + y_3(x_2 - x_1)]} \end{cases} \quad (8-22)$$

长基线系统的优点是独立于水深值,由于存在较多的多余观测值,因而可以得到非常高的相对定位精度。此外,长基线定位系统的换能器非常小,实际作业中,易于安装和拆卸。长基线系统的缺点是系统过于复杂,操作烦琐。布设数量巨大的声基阵需要较长的时间,并且需要对这些海底声基阵进行详细的校准测量。

8.2.2.2 短基线声学定位系统

该系统的水下部分仅需要一个水声声标或应答器,而船上部分是安置于船底部的一个水听器基阵。换能器之间的相互关系精确测定,并组成声基阵坐标系。基阵坐标系和船坐标系的相互关系由常规测量方法测定。短基线系统的测量方式是由一个换能器发射,所有换能器接收,得到一个斜距观测值和不同于这个观测值的多个斜距值[25]。系统根据基阵相对船坐标系的固定关系,结合外部传感器观测值,如 GPS、动态传感器单元 MRU、罗经 Gyro 提供的船位、姿态和船首向值,计算得到海底点的大地坐标,系统的工作方式是距离测量。短基线定位既可按测向方式定位,称为方位-方位法,又可按测向和测距的混合方式定位,称为方位-距离法[26]。短基线的优点是集成系统价格低廉、系统操作简单、换能器体积小,

易于安装。短基线的缺点是深水测量要达到较高的精度,基线长度一般需要大于 40 m;系统安装时,换能器需在船坞上严格校准[27]。

8.2.2.3 超短基线声学定位系统

超短基线安装在一个收发器中组成声基阵,声单元之间的相互位置精确测定组成声基阵坐标系。声基阵坐标系与船体坐标系之间的关系要在安装时精确测定,即需测定相对船体坐标系的位置偏差和声基阵的安装偏差角度(横摇角、纵摇角和水平旋转角)。系统通过测定声单元的相位差来确定换能器到目标的方位(垂直和水平角度)[28]。换能器与目标的距离通过测定声波传播的时间,再用声速剖面修正波束线确定距离。在以上参数的测定中,垂直角和距离的测定受声速的影响特别大,其中垂直角的测量尤为重要,直接影响定位精度。所以,建议多数超短基线定位系统在应答器中安装深度传感器,借以提高垂直角的测量精度。超短基线定位系统要确定目标的绝对位置,必须知道声基阵的位置、姿态和船首向,这些参数可以由 GPS、运动传感器 MRU 和电罗经提供。超短基线系统的工作方式是距离和角度测量。

超短基线系统与短基线系统的区别仅在于船底的水听器阵,以彼此很短的距离(小于半个波长,仅几厘米),按直角等边三角形布设而装在一个很小的壳体内,以方位-距离法定位。

超短基线的优点是集成系统价格低廉、操作简便容易,因实施中只需一个换能器,安装方便,定位精度比较高。超短基线的缺点是系统安装后的校准需要非常准确,而这往往难以达到,测量目标的绝对位置精度依赖于外围设备(电罗经、姿态和深度)的精度。

目前我国已经研发了水下 DGPS 高精度定位系统用于水下定位,该设备首次利用全球定位技术(GPS)解决水下设备导航问题和水下设备实时三维定位问题。该设备的研制成功,将传统水下定位精度从十多米提升到了亚米级,使我国成为继美、法、德之后,世界上少数几个掌握水下高精度定位技术的国家之一。

该系统静态定位精度为厘米级,动态定位精度小于 2 m,工作深度大于 100 m,水声作用距离大于 200 m,可实现水下目标跟踪与导航功能;其浮标连续工作时间大于 6 h,水下收发机连续工作大于 24 h,可用于水下目标跟踪或动态定位,水下目标导航与精密授时、水下目标瞬时水深监测、水下工程测量控制和水下工程结构放样。

8.2.3 应用案例

随着海洋开发事业和科学技术的发展,水声定位系统有愈来愈广泛的用途。例如它可用于水下目标的跟踪、定位(如对鱼雷水下运动轨迹进行跟踪测量,对水下作业的潜水员进行定位,测量潜器的位置等)、海上石油勘探(如给海上油井定位,引导钻头重入等)和其他矿产资源的开发、海底管道和电缆、光缆的铺设定位及维修潜器的水下导航、水下结构施工和定位等场合。此外它们还可用作深海海上试验平台和船舶动力控位系统的位置传感器,给动力控位系统提供精确的船位信息。水声定位系统在军事上的应用也已受到各国的重视。如在某些预定海域布放声学定位系统,潜艇只要能到达该海域,便可以利用它进行精确定位,以此对惯导设备进行校准,从而提高潜艇的作战效能。

马航 MH370 在 2014 年 3 月 8 日凌晨时,在马来西亚与越南的雷达覆盖边界与空中交通管制失去联系。各国都投入了最先进的技术装备参与搜索,自从捕捉到疑似 MH370 黑匣子信号后,搜索进入了深海搜索阶段。

中国和美国都曾将黑匣子定位仪运往南印度洋一线,搜索马航 MH370 航班的黑匣子。那么,如何在茫茫大海中搜索黑匣子? 在水下,无线电信号传播递减率极大,飞行的黑匣子总共有两条系统,一套为记录飞行数据的飞行数据记录仪,另一套为记录机组通话的话音记录仪。一般飞行数据记录仪在机尾,话音记录仪在驾驶舱上部。而这两套记录仪上,都附加有水下定位信标机。如果飞机落入水中,两套水下定位信标机就会自动开启,以 27.5 kHz 的频率发送声音信号。携带有水下定位信标机的黑匣子入水后,就会自动发动 27.5 kHz 的音频信号,时间约为 1 个月。对于搜索一个水下会发送声音信号的黑匣子,其实就和搜索一艘潜艇类似,需要使用被动声呐。通过精密的被动声呐,确定声源位置,然后再派出水下机器人,回收黑匣子。以此次美国海军携带的 TPL-25 拖拽式定位机为例,该系统是美国海军主要的黑匣子水下定位仪器之一。按照美国海军的公开数据,TPL-25 可搜索 6 000 m 深度的目标,接收音频范围为 3~50 kHz,拖拽航速为 1~5 kn。虽然有水下声学定位系统和精密被动声呐,但是在水下定位黑匣子,仍然是一件相当有难度的事情。

参 考 文 献

[1] 梁开龙. 海洋测绘与海洋经济的发展[J]. 测绘工程,2004,13(2):1-4.
[2] 孟俊霞. 基于 OSG 的大规模海底地形快速渲染[D]. 青岛:山东科技大学,2013.
[3] 黄军明,陆胜军. GPS-RTK 技术在水下地形测量中的应用[J]. 绿色科技,2009(2):53-57.
[4] 刘跃锋,吴绍玉,李绍祥. 影响物探测量水深精度的因素及相关改正方法[J]. 物探装备,2011,21(1):60-63.
[5] 朱海全. GPS-RTK 与数字测深仪在城门峒库区水下地形测量中的应用[J]. 现代矿业,2013(2):48-49.
[6] 宁爱成. 现代测绘技术在河床演变监测中的应用[J]. 甘肃水利水电技术,2009,45(3):1-2.
[7] 王智明. 海洋回声测深系统检测方法研究[D]. 青岛:山东科技大学,2012.
[8] 王胜. 基于 ARM 的测深仪接收控制系统研究[D]. 南京:东南大学,2016.
[9] 赵钢,王冬梅,黄俊友,等. 多波束与单波束测深技术在水下工程中的应用比较研究[J]. 长江科学院院报,2010,27(2):20-23.
[10] 叶小凡,陶宇,周冲. 浅谈多波束测量中的旁瓣效应[J]. 浙江水利科技,2014,42(1):50-51.
[11] 程秀丽. 多波束测量数据处理关键技术研究[D]. 济南:山东建筑大学,2014.

[12] 段宣义. 多通道多波束发射机的设计与实现[D]. 哈尔滨:哈尔滨工程大学,2013.
[13] 陈潇. 基于差分技术的载体姿态测量方法研究[D]. 哈尔滨:哈尔滨工程大学,2014.
[14] 赵建虎,刘经南. 多波束测深系统的归位问题研究[J]. 海洋测绘,2003,23(1):6-7.
[15] 陆秀平,黄谟涛,翟国君,等. 多波束测深数据处理关键技术研究进展与展望[J]. 海洋测绘,2016,36(4):1-6.
[16] 张建锋. 多波束通讯及测深点云实时显示技术研究[D]. 青岛:山东科技大学,2014.
[17] 田庆林,张伯景. 疏浚工程的环境监理[J]. 科技资讯,2009(24):125.
[18] 周静,黄家海. 航道疏浚工程中施工技术及控制重点研究[J]. 科学时代,2014(11):103-104.
[19] 吴清华,肖奇伟,夏至军. 水声通信及其军事应用研究[C]// 中国声学学会水声学分会.2009年全国水声学学术交流暨水声学分会换届改选会议论文集.声学技术,2009,28(2):228-230.
[20] 肖大为. 超短基线定位系统接收机及其应答器的设计[D]. 哈尔滨:哈尔滨工程大学,2008.
[21] 张涵. 基于无线传感器网络和声波传播衰减的水下未知声源定位方法研究[D]. 上海:上海交通大学,2011.
[22] 顾俊琳. 电子系统在水声定位中的设计[D]. 上海:上海交通大学,2013.
[23] 付江楠. 短基线定位系统中通用宽带应答器的设计与实现[D]. 哈尔滨:哈尔滨工程大学,2009.
[24] 吴永亭,周兴华,杨龙. 水下声学定位系统及其应用[J]. 海洋测绘,2003,23(4):18-21.
[25] 潘俊霞. 水声被动定位系统PC机软件设计[D].哈尔滨:哈尔滨工程大学,2008.
[26] 王久光. 基于UTP的UUV远程航海水下位置校准及控制方法研究[D]. 哈尔滨:哈尔滨工程大学,2013.
[27] 韩瑞宁. 超短基线定位精度的改进方法研究[D]. 青岛:中国海洋大学,2007.
[28] 刘海滢. 深海多金属结核集矿机水下定位与路径规划算法研究[D]. 长沙:中南大学,2004.

第 9 章 声学海洋学的发展趋势及未来展望

我国是陆地大国,亦是海洋大国,包含海域有渤海、黄海、东海、南海及台湾以东和以南海区。因电磁波在海水中衰减速度较快,海洋中探测、导航、定位和通信主要利用声波,声波是水中信息的主要载体。声学海洋技术指海洋研究和开发所用的水声技术,如回声探测、被动探测、水声通信、水声遥测和水声遥控等。水声技术已广泛应用于海洋研究和海洋开发的各个方面。随着海洋科学和开发的迅速发展,海洋声学技术已发展成为海洋高科技中的重要组成部分,已成为声学中的独立的分支学科。

9.1 声学海洋新理论

9.1.1 极地声学

极地水声学的研究是声学研究的热点之一。我国作为近北极国家之一,在北极地区也存在航道、资源、军事以及科研等关系国家未来发展空间的重大利益,因此,建设海洋强国,理应将经略北极纳入战略视野。

9.1.1.1 极地水声环境

北极地区地理位置独特,气候寒冷,北冰洋的大部分区域终年被海冰覆盖,噪声的反射、折射等作用强烈,形成了独特的声场环境。因海域交通少、航运噪声低、冰层可使海水免受风影响等原因,其冰下噪声环境比开阔海域的零级海况更佳。此外,随着冰的状态、风速、积雪以及空气温度的变化,冰下噪声的谱和相关特性的变动较大。北极海洋噪声研究主要包括海冰融化、形成、运动过程形成的噪声,海冰融化区的噪声级要高于堆冰区,并且密集冰与海水边缘处的相对最大噪声级大于散冰区域测量值。当其呈现碎冰状态时,在同样海况下,噪声级比没有结冰的水中测得的数值高,当气温下降时,同海岸相连接的整块冰面收缩而破裂,噪声出现尖刺和脉冲;另外,浮动冰块的相互碰撞和摩擦以及海浪拍击冰缘而破碎也形成水下强噪声。据研究,100~1 000 Hz 频带内噪声级比开阔海区高 12 dB,比在冰区内部高 20 dB[1]。此外,在北极海区,大洋声道轴在冰层覆盖的海面附近。声波向声速低的海面方向传播,经过海冰下表面发生反射,声信号在这种半声道波导中反复地反射、折射进行远距离传播。图 9 – 1 是北极海区的典型正梯度声速剖面的声线图[2-3]。

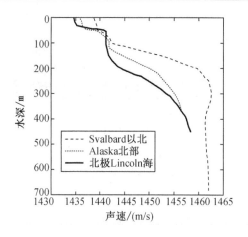

图 9-1 北极海区声速剖面的声线图

9.1.1.2 极地水声学的发展现状与趋势

2014年美国海军研究实验室明确了水声学中的三大学科,即浅海声学、深海声学、北极水声学。自此,北极水声学成为一门研究北极及其毗邻海域水声环境的学科。美国对北极水声学研究历史较长,可追溯到20世纪中期美国的"鹦鹉螺"号核潜艇到达北冰洋冰下的北极点。

从20世纪60年代开始,北极水声学研究全面开启,例如环境噪声、水声信号处理、水下混响、水声通信等。20世纪90年代以来,随着全世界对北极科考次数的增多,极地地区特殊的海洋环境逐渐被揭开面纱。

目前,关于北冰洋对全球气候影响的研究越来越得到学术界及各国政府的重视。1999年,我国进行了首次北极科学考察,拉开了对北极进行多学科、多领域科学考察的序幕。2004年7月,我国首个北极极地考察站"黄河站"在挪威斯匹次卑尔根群岛建立(北纬78°55′,东经11°56′)。这是继南极长城站、中山站之后的我国第三个极地考察站。

20世纪初以来,有关北极水声学领域的研究只有一些零星探索,主要是和海洋环境有关的温、盐、深、声速剖面的测量,还没有系统地对北极及其毗邻海域的水声环境进行考察研究,更没有对有关水声传播、通信、水下目标定位等的试验。从2014年起,在国家海洋局极地办公室和极地中心的支持下,在第6次北极科考中首次设立了水声学的研究内容,2016年,中国科学院声学所的科考人员,第一次搭乘"雪龙"号科学考察船(图9-2)赴北极进行了声学试验,取得了一批重要数据。2018年初,哈尔滨工程大学和俄罗斯远东联邦大学、俄远东国立渔业技术大学成立"北极海洋环境与声学技术联合实验室"。国内其他单位也相继在该领域开展了工作。

北极水声学的发展是持续且变化的,早期主要由军事需求推动,对北冰洋海域的研究侧重于描述并预测它的声学特性;目前在国防、工业以及科研需求的多重推动下,开始利用声学技术来实现对北冰洋海域物理环境的观测与研究。针对变化的北极地区对北极水声学带来的影响和需求,极地声学的未来研究重点主要在以下几个方面:极地海洋声场环境特性研究、冰下声散射机理及应用研究、冰下声传播机理及应用研究、冰下水声信号处理方法研究、综合观测方法及观测设备适应性研究等。

图 9-2　"雪龙"号科学考察船

目前,我国在北极水声学方面的研究正位于起步阶段,既缺乏在北极地区开展声学实验的经验,也缺乏常规观测系统,使得极地声学数据采集数量、质量具有诸多不足,但我国在关于极地声学的研究正在迎来良好的发展机遇期,可以预言,在不久的将来一定可以为我国经略北冰洋,建设海洋强国的目标做出贡献。

9.2　声学海洋新方法

9.2.1　虚拟现实

虚拟现实是基于计算机系统的一种令人身临其境,可以获得与环境交互体验的虚拟世界。它是一项集先进的计算机技术、仿真技术、传感器与测量技术、微电子技术等为一体的综合集成技术。传统的仿真技术很少研究人的感知模型仿真,无法模拟人对外界环境的感知(听觉、视觉、触觉),而虚拟现实带来了人机交互的新概念和新方法,计算机模拟外界环境对人的感官刺激已经成为可能。

9.2.1.1　虚拟现实的内涵

虚拟现实基于动态环境建模技术、系统开发工具应用技术、三维图形动态显示技术等多项核心技术,主要围绕虚拟环境表示的准确性、真实性、自然性以及实时显示、图形生成、智能技术等问题的解决使得用户能够身临其境地感知虚拟环境,从而达到探索、认识客观事物的目的。虚拟现实具有以下三个重要特征,常被称为虚拟现实的3I特征[4-5]。

1. 构想性

构想性指虚拟的环境是人想象出来的,同时这种想象体现出设计者相应的思想,因而可以用来实现一定的目标。虚拟现实技术的应用,为人类认识世界提供了一种全新的方法和手段,可以使人类跨越时间、空间、生理等局限性,去经历和体验难以实现的事件(图9-3)。

图 9-3 虚拟现实构想性

2. 沉浸感

虚拟现实技术最主要的技术特征是让用户觉得自己是计算机系统所创建的虚拟世界中的一部分，使用户由观察者变成参与者，沉浸其中并参与虚拟世界的活动。沉浸性除了来源于常见的视觉感知外，还有听觉感知、触觉感知、嗅觉感知等（图9-4）。

图 9-4 虚拟现实沉浸感

3. 实时交互性

指用户借助于虚拟现实系统中的特殊硬件设备（如数据手套、力反馈装置等），达到身临其境的感觉。虚拟现实系统强调人与虚拟世界之间交互的自然性，因此实时性是交互性的重要体现（图9-5）。

图 9-5 虚拟现实实时交互性

9.2.1.2 虚拟现实的发展现状与趋势

VR 技术的发展大致可分为三个阶段:20 世纪 50~70 年代,是 VR 技术的准备阶段;80 年代初至中期,是 VR 技术系统化、从实验进入实际应用的阶段;80~90 年代初,是 VR 技术迅猛发展阶段。90 年代初至今,是 VR 技术 21 世纪全面高速发展阶段[4]。伴随着科学技术的迅猛发展,虚拟现实技术已经广泛应用于海洋技术领域。

1. 海洋技术

海洋技术是一门主要研究为海洋科学调查和海洋开发提供手段与装备的新兴学科,是当代最重大的新技术领域之一。海洋技术的重大突破有利于对海洋基础科学发展产生巨大推动。借助虚拟现实技术的思维构想性,可辅助完成海洋技术的创新和开拓,为海洋安全作业、优化仪器设备设计和技能技术培训等提供更为有效的手段(图 9-6)。

图 9-6 虚拟现实的海洋技术应用

2. 海洋工程作业模拟

浩瀚的海洋资源开发存在诸多挑战。若将虚拟现实技术应用到海洋矿产的勘探开发中,通过操作人员与系统的交互作用,进行开采过程、生产系统等动态三维实时模拟,从而实现对整个开采作业过程的立体、直观、系统的认识,可对开采系统的分析、设计和优化提供更科学、更合理的规划,最终达到节省资金、降低风险的目的(图 9-7)。

图 9-7 虚拟现实的海洋工程作业模拟

3. 新仪器设备的开发

虚拟现实技术可应用于海洋设备的设计及性能评估。基于虚拟现实技术,设计人员可以在不必制造样机的前提下,通过电脑的三维空间图像,借助多种交互手段,直接对设备的设计修改和完善,并在虚拟的海洋环境中测试其性能,检验其可靠性和安全性。如此可大大地缩短设备研制周期,节省研制费用,方可推动海洋技术快速发展(图9-8)。

图9-8　新仪器设备的开发

4. 海洋空间的利用

随着人口增多,经济活动的开展,适合人类活动的空间似乎越来越小,于是人类的目光开始转向海洋,旨在将海洋改造成人类重要的生存空间。在对海洋世界、海洋生活的宣传中,虚拟现实技术可以为人们展现多姿多彩、妙趣横生的海洋生活,解答人们关心忧虑的问题,充当人类进入海洋的"领路人"(图9-9)。

图9-9　海洋空间的利用

5. 虚拟海战场

《孙子兵法》始计篇认为,战争筹划要经之以五事,分别是道、天、地、将和法,其中,天和地反映了战场环境对战争胜负影响的重要性[6]。虚拟战场地理环境是指运用计算机仿真技术、多媒体技术、可视化计算、图形图像技术、航空侦察、卫星侦察等多种手段,在获取战场信息基础上进行信息综合计算与处理,实现战场地理环境的真实呈现,为军事训练、作战实验、指挥作战等活动提供了可靠的虚拟战场环境(图9-10)。

图9-10 虚拟海战场

6. 海洋技术的教育与培训

由于与复杂的海洋环境结合紧密,海洋技术学科具有很强的抽象性,传统的教学、培训很难实现良好的效果。虚拟现实技术可打破时空局限,虚拟生动、逼真的具体场景,让学生具有身临其境的真实感知,可进入海底近距离观看机器人水下作业过程,可在几分钟之内感受地球几千年的沧海桑田,如此可调动学生积极性,激发学生学习兴趣,达到最佳的学习效果(图9-11)。

图9-11 海洋技术的教育与培训

虚拟现实技术的实质是构建一种人为的能与之进行自由交互的"世界",在这个"世界"中参与者可以实时地探索或移动其中的对象。沉浸式虚拟现实是最理想的追求目标,通过借助其他设备实现听觉、触觉和视觉的真实体验。纵观虚拟现实的发展历程,未来虚拟现实技术的研究仍将延续"低成本、高性能"原则,从软件、硬件两方面展开[7-9]:

(1) 低成本快速建模技术;
(2) 实时三维图形生成和显示技术;
(3) 新型交互设备的研制;
(4) 智能自然的虚拟现实建模;
(5) 分布式虚拟现实技术;

(6) 基于 5G 通信的虚拟现实技术。

9.2.2 双工通信

随着无线通信技术的不断发展,以及人们对于通信网络无处不在的需求,能够带来网络的扩展和容量的提升的通信技术正在迎来崭新的发展机遇。双工通信是指在同一时刻信息可以进行双向传输,又分为单双工通信和全双工通信。本章节主要介绍双工通信的特征、发展及趋势。

9.2.2.1 双工通信的内涵

随着人们对高速通信需求不断扩大,移动通信网络发展迅速。传统移动通信系统往往采用频分双工或者时分双工这两种半双工方式进行传输以避免自身信号干扰。相对于半双工传输方式,全双工通过有效抑制同一系统上发射端和接收端之间的自干扰,实现了真正的同时同频传输,提升近乎一倍的频谱利用率(图 9 - 12)。

半双工系统:半双工系统是点对点系统,不能够同时通信。如果不同的终端在同一时间发送不同的信号,那么这些信号会相互干扰。系统中的节点都必须等待属于它的时间才能发送。这叫作半双工系统[10]。

全双工系统:全双工系统是点对点的通信系统,而且允许同时通信。若中继的信道包括两个理想的正交子信道,那么全双工系统就是可行的。它是通过将不同的频谱分配给每一个节点来实现。因为发送信号是由不同频段承载的,所以它们之间互不干扰。这又称为频分双工[11-12]。

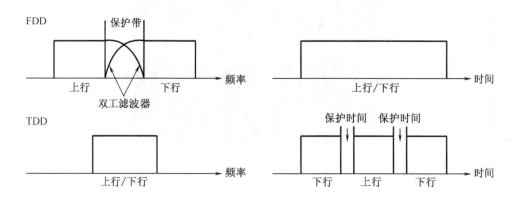

图 9 - 12 不同通信方式对比图

全双工无线通信系统不仅具有频谱效率高的优点,而且能够解决传统无线通信的许多问题,现将全双工无线通信系统的优点总结如下:①数据吞吐量增益;②有效解决隐藏终端问题;③降低拥塞;④降低端到端延迟;⑤提高认知无线电环境下的主要用户检测性能;⑥实时信道反馈[11-12]。

9.2.2.2 双工通信的发展现状与趋势

同时同频收发信号最早应用于军事领域,其典型代表是连续波雷达(continuous wave

radar,CWR)。CWR 在残留自干扰方面积累的技术成果颇为丰富,为在无线通信系统中运用全双工通信提供了丰富的技术路线和设计参考。已有的全双工通信原型样机基于传统的残留自干扰架构为基础,发展出更丰富和高效的残留自干扰方案,促进了全双工通信技术的发展[13]。

中继系统是全双工通信在无线通信领域最早的应用场景之一。全双工中继节点无须切换收发模式,能在同一时隙完成信源信号的接收和转发,频谱效率是半双工中继节点的2倍,适合于在由于地形因素或成本考量而无法架设有线的环境中扩展通信范围。随着残留自干扰等技术的不断改进,全双工中继器已扩展应用于寻呼系统、数字广播系统等。上述系统中的全双工中继器属于辅助型中继,即中继节点自身不发送信号,仅对接收信号进行放大转发,弥补信源信号远距离传输导致的功率衰减[14]。

协作通信技术的兴起和发展进一步拓展了全双工中继系统的应用空间,且中继节点可采用更丰富的转发协议,如解码转发、解调转发和压缩转发等;协作模式也从两跳协作扩展至空时协作和编码协作。更重要的是,协作通信能够节省发射功率并提高无线链路质量,使残留自干扰能力较弱的全双工中继系统也能获取频谱效率增益,有利于全双工中继技术的广泛应用[15-16]。

无线技术的演进如图9-13所示。

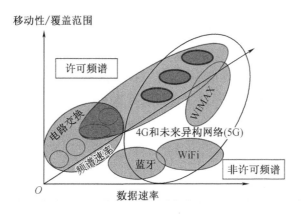

图9-13 无线技术的演进

随着自干扰消除技术的不断进步,全双工通信有越来越广阔的应用空间。虽然全双工通信思想具有较长的应用历史,但是系统深入的全双工通信技术研究至今尚不足十年,在大规模应用之前需要克服一系列困难和挑战。结合业界研究现状,可考虑从以下方面展开进一步研究[15-16]。

(1) 多节点全双工协作通信系统:多节点全双工协作通信系统面临信源信息叠加和严重的节点间干扰,设计有效的传输策略和干扰消除算法是下一阶段的研究重点。

(2) 全双工大规模 MIMO 系统:部署大量天线能够增加系统容量,同时提升对抗小尺度衰落、抑制干扰和噪声的能力。同时利用大规模 MIMO 技术提供的空间自由度,仅需要简单的线性处理即可在天线域获得 60~80 dB 的自干扰抑制度,大大减轻了后端自干扰消除模块的负担。

(3) 无线网络虚拟化:无线网络虚拟化将基础设施和频谱等物理资源抽象为逻辑资源,在此基础上进行资源划分、聚合和共享,为无线通信系统设计、扩展和演进提供了更丰富的自由度。

9.3 声学海洋新应用

9.3.1 深海空间站

随着各国经济的发展,海洋资源的争夺日趋激烈,海洋安全、维权的重要性日益凸显。我国是海洋大国,无论是近海还是深远海的利用都至关重要。深海空间站作为重要海工装备,是建设海洋科技强国的"标配"之一,中国在挺进深蓝的过程中,已把建设深海空间站提上议事日程。

9.3.1.1 深海空间站的内涵

深海空间站是一类不受海面恶劣风浪环境制约,可长周期、全天候在深海域直接操控作业工具与装置,进行水下工程作业、资源探测与开发、海洋科学研究的载人深海运载装备。如天际空间站是航天领域的核心技术一样,深海空间站代表了海洋领域的前沿核心技术,体现了一个国家的科技水平和经济实力。人类在太空建立的空间站已经运行了很长时间,而深海空间站则罕见报道,这是国家科技发展水平、生产力水平的重要标志,它将把人类活动空间移向深海。

9.3.1.2 深海空间站的发展现状与趋势

中国是继美、法、俄、日后,第五个掌握大深度载人深潜技术的国家。2012 年 5 月"深海空间站"——小型深海移动工作站模型在北京科博会上首次亮相。2013 年 11 月中国首个实验型深海移动工作站已完成总装,该工作站在"十二五"期间研制完成。该工作站外形类似一艘小型潜艇,但工作潜深远大于一般的军用潜艇,可达 1 500 m;可携带多种水下机器人(ROV)等多种水下作业设备。它可以长周期、全天候地在 1 000 m 以下的深海进行作业,成为开发利用深海资源、开展深海科学研究的有力平台。工作站自身搭载有多种作业潜水器和作业工具,各工具协同作业,相得益彰,提升了作业能力[17-18]。

深海空间站包括水下生活区、水下电站、水下热站和水下控制中心等多个模块,是一个高度复杂的工程系统,涉及结构力学、水动力学和材料科学等多个学科领域,需要将不同学科领域的技术有效地融合,最终实现深海空间站的实际建造与应用。深海空间站作为深海装备技术发展的前沿,存在巨大的困难与挑战,其中,对深海耐压壳体的设计和水下对接技术的突破是未来亟须解决的问题[18-19]。

(1) 深海空间站工作在深海海底,海底的高压低温环境对深海空间站耐压壳体的几何设计及材料选择提出了严峻的考验。此外,由于功能需要,空间站的耐压壳体尺度要大于现有载人潜水器。

(2)在深水中进行对接作业的难度并不亚于太空中的对接作业,水下对接应为无缝对接,即同时保证深海空间站与水下穿梭运载装置的整体密闭性能,此外,还需考虑整体的舱体平衡问题等。

9.3.2 智慧海洋

随着云计算、大数据、人工智能等新一轮信息技术在各领域的深入应用,各行业信息化都产生了深刻变革,我国海洋强国战略和国家信息化战略稳步推进,海洋信息化发展已步入大有作为的重要战略机遇期。新形势下,加快推动以智慧海洋带动海洋信息化深入发展,是顺应国际国内形势、抢抓机遇、建设海洋强国的必然选择。

9.3.2.1 智慧海洋的内涵

人类面对海洋这个巨系统出现的开发利用能力不强、环境规律掌握不透、权益争端处置不当等问题,多源于对海洋认识不清、应对失据、缺乏智慧之故。信息与物理融合的知识革命使人们开始用知识去经略海洋,用智慧去开发利用海洋资源,建设海洋生态文明和保障国家海洋安全,海洋技术革命进入智能服务时代。因此可以说智慧海洋是海洋信息化的深度发展,是信息与物理融合的海洋智能化技术革命,是将新一代信息技术与海洋环境、海洋装备、人类活动和管理主体四大板块信息深度融合,实现互联互通、智能化挖掘与服务,是认识和经略海洋的神经系统。

9.3.2.2 智慧海洋的发展现状与趋势

早在2007年,美国制定了《美国海洋行动计划》,建成综合海洋观测系统(IOOS),该系统针对海洋环境的改变进行追踪、预测、管理和应对。加拿大研发了智能海洋系统(SOS),用于科学研究、海洋环境安全保障、渔业资源利用等方面。俄罗斯海军2016年研制出一种能将通信信息与声波相互转换的系统,把水下活动潜艇、深海载人潜水器、无人潜航器和潜水员联系起来,构筑水下"互联网"(图9-14)。欧盟提出 Marine Knowledge 2020 计划,加强海洋的科学研究能力,提升不同层级决策的质量和可靠性。法国"哥白尼海洋环境监测服务(CMEMS)"是欧盟地球观测和监测项目的一部分,旨在为海洋数据提供开放的平台。英国2007年启动了"海洋2025"海洋研究计划,旨在提升英国海洋环境认知、更好地保护海洋。日本2012年提出针对2013—2017年的五年日本海洋发展阶段性战略,目的是提升水下资源开发能力,增强水体的监测能力和重大事态的应对体制。此外,日本和韩国也开展了海洋环境监测等方面的相关研究计划[20-21]。

经过多年的发展,我国海洋信息基础设施建设初具规模,重大海洋信息装备研制取得重要成果,"蛟龙号"载人潜水器、"海翼号"水下滑翔机、"海斗号"无人潜水器等成功海试。海洋信息应用服务能力持续增强,相关涉海机构围绕海上交通、海洋预报、海洋渔业、海洋资源开发、海洋环境监测、海岛(礁)测绘、涉海电子政务等领域需求,开展了各具特色的信息应用服务,取得了显著成效。2003 年,借助我国近海海洋综合调查与评价专项的实施,正式启动了我国数字海洋信息基础框架建设,建成了数字海洋信息基础平台和数字海洋原型系统,为我国海洋信息化发展奠定了坚实基础[22-23]。

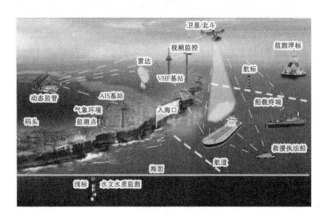

图 9-14　海洋物联网的组成

智慧海洋发展目标要符合新时代中国特色社会主义建设的总体要求,是一项长期性、基础性和战略性的任务,应像我国的航天工程一样,做好统筹规划,分阶段、有步骤地滚动实施。

(1)探索创新建立建管用统筹、产学研联动、科研与应用相结合的体制机制,积极推进海洋信息基础设施共建、信息共享和产业共融,探索政府购买服务的管理运营模式。按照国家战略部署,适应重点任务和业务需求,做好资源间的协调配合,统筹推进智慧海洋发展。

(2)整合拓展我国现有海洋观测、监测和调查资源,全面形成与海洋强国建设需求相适应的海洋信息自主获取能力。综合利用陆、海、空、天、潜等多种通信手段,逐步建设覆盖全球海域的自主通信能力,提供稳定可靠、安全、大容量的信息传输与交换服务。

(3)深入开展海洋大数据汇集管理、融合处理和挖掘分析等技术攻关,整合建设国家层面的海洋大数据资源体系,搭建标准统一、开放兼容的海洋大数据云平台,推进数据资源的互联互通,显著提升海洋大数据的处理分析、深度融合和共享开放服务水平,充分发挥海洋信息的服务效能。

(4)建立完善海洋信息获取、传输、处理分析、产品研制与应用服务的标准体系,实现标准研究、编制、优化、验证、检测、评估全过程支持,统一技术体制,消除信息孤岛隐患。建立多层次、一体化的海洋信息安全组织架构,加快构建以防为主、软硬结合的信息安全管理体系。

(5)围绕海洋信息感知技术和装备领域国产化程度偏低的短板,加强国产技术装备研制,突破关键核心技术,获得一批原创性技术成果和发明专利,提升我国海洋信息感知技术装备自主创新能力。

9.3.3 透明海洋

我国是一个海洋大国,管辖海域面积达 300 多万平方公里。习近平总书记指出"要进一步关心海洋、认识海洋、经略海洋,推动我国海洋强国建设不断取得新成就"。海洋观测是认识海洋的基本手段,是海洋经济开发、环境保护和权益维护的基础。实施"透明海洋"战略,加强海洋观测技术装备开发,加快海洋观测体系建设,当为我国海洋科技创新的一个重要方向。

9.3.3.1 透明海洋的内涵

"透明海洋"战略是指集成应用现代海洋观测(探测与监测)技术、信息技术和预测预报技术,在全球和区域等不同尺度,实时获取和评估不同空间尺度海洋环境信息,研究其多尺度变化及其气候资源效应机理的科技创新战略。"透明海洋"以海洋观测物联网为基础,预测海洋资源、环境和气候的时空变化,实现海洋的状态透明、过程透明和变化透明,为国家海洋事业和经济社会发展提供全面精准的海洋信息服务。习近平总书记强调,"要提高海洋资源开发能力,着力推动海洋经济向质量效益型转变。要保护海洋生态环境,着力推动海洋开发方式向循环利用型转变。要发展海洋科学技术,推动海洋科技向创新引领型转变。要维护国家海洋权益,着力推动海洋维权向统筹兼顾型转变"。作为认知海洋的根本手段与系统工程,"透明海洋"在海洋资源开发、海洋生态环境保护、海洋科技创新和海洋权益维护方面,都能够发挥不可替代的作用。

9.3.3.2 透明海洋的发展现状与趋势

20 世纪 50 年代以来,我国海洋观测体系经历了从无到有的发展历程。进入 21 世纪以来,特别是党的十八大以来,我国对海洋观测的重视程度不断加大,海洋观测体系建设和技术装备开发进入快速发展阶段[24]。

(1)海洋观测技术装备水平全面提升。在海洋传感器开发方面,高精度温盐深测量仪、声相关海流剖面测量技术处于国际先进水平。在海洋观测平台技术方面,已初步建立了包括卫星遥感、航空遥感、海洋观测站、雷达、浮(潜)标、海洋环境移动观测平台等海洋观测平台技术体系。在海洋观测通用技术方面,海底光电复合缆、湿插拔接口、水下液压机械手等技术方面已取得了突破性进展。

(2)海洋观测体系初步建立。岸基海洋观测系统主要由岸基海洋观测站、河口水文站、海洋气象站、验潮站、雷达站等组成;离岸海洋观测系统则包括各种浮(潜)标、调查断面、海上平台、志愿船和卫星等;大洋观测主要依靠大洋科学考察船、浮(潜)标、卫星和志愿船等开展工作。严格地讲,我国尚未建立起真正意义的立体化海洋观测系统,但近年已开始进行小规模示范建设。

(3)业务化海洋预报能力不断增强。我国已建立了由国家海洋环境预报中心(北京)、海区预报中心(北海、东海、南海)、省级海洋环境预报台(中心站)、地市海洋环境预报台(海洋站)组成的 4 级海洋环境预报警报体系。建立了包括极地海冰数值预报系统、印度洋海洋环境预报系统和中国周边海域预报系统的全球业务化海洋学预报系统,初步实现了多尺度、多要素、集成化的海洋环境数值预报业务化应用。

"透明海洋"战略实施是一个逐步推进的过程。可先行推动示范区建设,选择重要区域,对各类新技术开展示范应用,逐步整合形成新的技术体系与应用模式,再逐步向全球海域拓展。根据我国海洋强国战略发展需求,建议在"两洋一海"区域建设"透明海洋"海洋物联网综合应用示范区,开展多尺度多学科海洋物质能量循环、深海大洋动力过程及其气候资源效应等重大科学研究,开展海洋环境综合信息服务,研发目标综合感知与辅助决策信息系统、自适应快速环境评估示范系统,突破跨平台组网感知技术,形成多位一体的现代化海洋观测体系。实现对全球海洋中尺度、西太平洋-南海-印度洋、亚中尺度、重点海域百米级的预测预报能力,构建"透明海洋"信息服务系统,大幅提升海洋观测对海洋经济发展、生态文明建设和国家安全的支撑能力。

9.3.4 海底预置武器

战略预置,是指按照作战预案对作战物资的要求,将适宜预置储存的战备物资提前存放在主要战略方向或预定战区的一种资源配置方式。战略预置的主要目的就是通过平时预先配置一定的作战物资来减少战时的战略运输量,进而提高部队的快速反应能力。随着装备向智能化、信息化方向发展步伐的加快,以无人系统技术为主导的智能机器人、水下无人潜航器等无人装备将逐渐成为未来战场的主角。

9.3.4.1 海底预置武器的内涵

与无人潜航器、潜艇等水下装备相比,水下预置无人作战系统具有以下特点:潜伏时间长,随时唤醒;目标特性小,隐蔽性强;载荷复杂多样,功能齐备;系统可靠性高,无须维护。

目前,海底预置武器种类较多,可概括为以下内容[25]:

(1)美国"沉浮载荷"计划:该计划旨在研发一种可在大洋下长时间潜伏的无人分布式作战系统。系统包含有效载荷、远程通信装置、浮筒发射装置等,该项目先后实现了深海耐压容器设计、深海载荷释放发射、耐压耐腐蚀壳体设计技术、多种载荷发射技术等。

(2)俄罗斯赛艇导弹:俄罗斯于2013年在白海进行了水下固定弹道导弹发射试验,该导弹代号为"赛艇",可装在集存储、运输和发射于一体的特殊储运发射箱中,以免受到过大压力和免遭海水腐蚀,保证其与指挥所通信畅通,同时由小型输送装置运至特定地点并长期隐蔽待命。

(3)印度水下预置导弹:潜射弹道导弹和核潜艇是印度完成核武器试验后一直追求的目标,然而海基潜射核力量涉及技术最复杂、建设困难大。2001年,印度研发出代号为"78工程"的预置导弹发射平台,并于2008年利用"78工程"试射了"海洋"弹道导弹。由于印度国产核潜艇"歼敌者"距离正式形成战斗力还需一段时间,所以其对"水下预置武器"设想充满热情。

9.3.4.2 海底预置武器的发展现状与趋势

海底预置武器的军事价值毋庸置疑,然而,其面临的挑战也显而易见。在多极化格局下,军事强国之间的装备发展往往呈现你追我赶的竞争局面。虽然世界各主要国家都在大力发展水下预置的无人作战装备,且其原因和路线大相径庭,但均试图通过发展水下预置无人作战装备,完善自身水下作战体系,同时抵消潜在对手水下作战能力。水下预置无人作战系统发展趋势如下。

1. 长时间带动力航行

水下预置无人作战系统大多采用无动力静态部署形式,其机动能力和控制区域有限,执行任务灵活性较差。美国目前正在实施的"长蛇座"水下计划则自身具备动力,能在水下自由转移,执行侦察、攻击任务。所以水下预置无人作战系统朝着无人潜航器的方向发展,具备动力航行、跟踪能力等。

2. 无人自主决策攻击

自主决策对于无人作战系统有着重要意义,努力提高智能化程度和自适应能力,具有容错、故障诊断和排除功能,改善系统的安全性和可靠性,是未来无人水下航行体发展的必然趋势。随着人工智能技术、计算机技术的飞速发展,新型预置无人作战系统应具有足够高的智能化程度,能有效地探测和识别目标,能够和环境发生交互作用,增加航行体对场景感知的水平,以便顺利完成各项复杂任务。

3. 水下无线通信技术

要完成水下目标之间、水下与水面目标之间的双向通信,水声通信至关重要,但水声通信速率慢,采用声学无线通信技术无法满足实际需求。水下无线光通信利用波长为450～700 nm 的蓝绿光作为信息载体,相比水声通信,水下无线光通信具有数据传输速率更高,保密性更强,受海洋环境影响更小并且设备体积小、质量轻,能耗小、成本低等优点。适于体积小,能源有限的无人水下平台。

参 考 文 献

[1] 陈文剑,殷敬伟,周焕玲,等.平面冰层覆盖下水中声传播损失特性分析[J].极地研究,2017,29(2):194-203.

[2] 朱广平,殷敬伟,陈文剑,等.北极典型冰下声信道建模及特性[J].声学学报,2017(2):26-32.

[3] 尹力,王宁,殷敬伟.极地水声信号处理研究[J].中国科学院院刊,2019(3):306-313.

[4] 赵沁平.虚拟现实综述[J].中国科学:信息科学,2009,39(1):2.

[5] 韦有双,王飞,冯允成.虚拟现实与系统仿真[J].计算机仿真,1999(2):63-66.

[6] 陈永科,杨艾军,王华,等.基于Unity的虚拟战场地理环境构建[J].兵工自动化,2014(7):20-23.

[7] 邹湘军,孙健,何汉武,等.虚拟现实技术的演变发展与展望[J].系统仿真学报,2004,16(9):1905-1909.

[8] 姜学智,李忠华.国内外虚拟现实技术的研究现状[J].辽宁工程技术大学学报,2004,

23(2):238-240.

[9] 张占龙,罗辞勇,何为.虚拟现实技术概述[J].计算机仿真,2005(3):5-7.

[10] HOLM W A. Continuous wave radar[M]//EAVES J L, REEDY E K. Principles of modern radar. New York:Springer US,1987:397-421.

[11] ISBERG R A, LEE W C Y. Performance tests of a low power cellular enhancer in a parking garage[C]//IEEE Vehicular Technology Conference,1989:542-546.

[12] 刘国岭.全双工协作通信系统性能分析与优化[D].重庆:重庆大学,2018.

[13] 王思源.全双工双向中继系统的中继策略研究[D].北京:北京邮电大学,2019.

[14] 宫运超.协作中继网络中基于全双工的安全传输技术[D].北京:北京邮电大学,2018.

[15] 罗馨逸.全双工通信系统收发前端关键技术研究[D].成都:电子科技大学,2013.

[16] 赵茂华.点对点无线全双工通信研究[C]//中国通信学会.第十一届中国通信学会学术年会论文集.南昌:中国通信学会学术工作委员会,2015.

[17] 方书甲.深海空间站:海底科考"旗舰"[J].时事报告,2012(8):82-83.

[18] 秦蕊,李清平,姜哲,等.深海空间站在海上油气田开发中的应用[J].石油机械,2016,44(1):51-54.

[19] 操安喜,崔维成.基于多学科设计优化的深海空间站总体设计方法研究[J].舰船科学技术,2007,29(2):32-40.

[20] 姜晓轶,潘德炉.谈谈我国智慧海洋发展的建议[J].海洋信息,2018,33(1):1-6.

[21] 游源.我国海洋发展战略和未来船舶发展趋势[J].中国水运,2017,17(3):26-27.

[22] 张洪云,周余义,胡振宇.新常态下广东海洋发展问题及对策建议[J].新经济,2016(26):8-9.

[23] 王江涛."十三五"我国海洋发展形势与政策取向研究[J].生态经济,2016,32(8):21-24.

[24] 李大海,吴立新,陈朝辉."透明海洋"的战略方向与建设路径[J].山东大学学报(哲学社会科学版),2019(2):130-136.